U0157786

工程材料及成型工艺

主　编：杨栋杰　　韩俊霞
副主编：于永波
参　编：张爱华　　傅　骏　　周美辰

北京理工大学出版社
BEIJING INSTITUTE OF TECHNOLOGY PRESS

内 容 简 介

本书主要涉及的知识模块有：工程材料的分类和发展历程、工业用钢基础知识、铸铁知识、铝合金知识、零件热处理工艺知识和操作、金属材料的性能指标、零件的质量检测、零件铸造工艺知识和操作、零件焊接工艺知识和操作、典型零件的选材与加工工艺过程、新型材料应用等。整体设计以项目为载体，通过任务完成实现理论知识的学习。本书与山西省 2023 年职业教育"金课"工程材料及成形工艺配套使用，线上资源包括微课视频、课件、主题讨论、单元测试、任务工单等。

本书主要使用对象为机电类高等院校、高职高专院校学生，也可供企业职工培训和自学使用，还可作为有关技术人员的参考资料。

图书在版编目（CIP）数据

工程材料及成型工艺 / 杨栋杰,韩俊霞主编． --北京:北京理工大学出版社,2023.12

ISBN 978 – 7 – 5763 – 3263 – 6

Ⅰ.①工… Ⅱ.①杨…②韩… Ⅲ.①工程材料-成型-工艺学-高等学校-教材 Ⅳ.①TB3

中国国家版本馆 CIP 数据核字（2024）第 001758 号

责任编辑：王玲玲　　　文案编辑：王玲玲
责任校对：刘亚男　　　责任印制：李志强

出版发行 / 北京理工大学出版社有限责任公司
社　　址 / 北京市丰台区四合庄路 6 号
邮　　编 / 100070
电　　话 / (010) 68914026（教材售后服务热线）
　　　　　 (010) 68944437（课件资源服务热线）
网　　址 / http://www.bitpress.com.cn

版 印 次 / 2023 年 12 月第 1 版第 1 次印刷
印　　刷 / 北京广达印刷有限公司
开　　本 / 787 mm×1092 mm　1/16
印　　张 / 12
字　　数 / 273 千字
定　　价 / 69.90 元

前　言

为深入学习贯彻党的二十大精神，全面贯彻党的教育方针，落实立德树人根本任务，培养德智体美劳全面发展的社会主义建设者和接班人，结合《国家职业教育改革实施方案》关于三教改革的有关要求，山西机电职业技术学院组织开展了教材建设工作，出台了教材管理办法，旨在规范和加强学院教材建设和管理，打造适合新时代职业教育的精品教材，切实提高教材建设水平，推进党的二十大精神进教材。山西机电职业技术学院先后组织开展了多次教材立项建设工作，成功申报了多门省级和国家级职业教育规划教材。

本书属于学院第一批立项并建设完成的新型活页式教材，是按照《山西机电职业技术学院教材建设与管理办法（修订）》的要求，结合修订的"工程材料及成型工艺"课程标准进行编写的。本书内容形式以"项目引领，任务驱动"来设计，提供了众多的优质资源服务于教学，包括企业案例、图片。通过扫描相关二维码，教师和学生可随时观看录像、动画、纪录短片等，特别是工艺技能操作短片，能很好地帮助学生理解、熟悉相关内容，起到事半功倍的作用。

在党的二十大报告中提出："要广泛践行社会主义核心价值观，弘扬以伟大建党精神为源头的中国共产党人精神谱系，深入开展社会主义核心价值观宣传教育，深化爱国主义、集体主义、社会主义教育，着力培养担当民族复兴大任的时代新人。"本书在思政融合方面，形成了"一个目标，一条主线，四面结合，七种内涵"思政体系，即以"践行核心价值，传承工匠精神"为目标，以机械零件的加工工艺路线为主线，围绕材料发展、材料强化、材料成型、材料选择四个方面，凝练了各项目中所蕴含的七种育人内涵。

本书内容涉及工程材料的分类和发展历程、工业用钢基础知识、铸铁知识、铝合金知识、零件热处理工艺知识和操作、金属材料的性能指标、零件的质量检测、零件铸造工艺、零件焊接工艺、典型零件的选材与加工工艺过程、新型材料应用等模块。按照零件热加工工艺流程，将理论知识全部融入任务操作过程，以机械装配中的典型零件为项目载体，设计了零件的预备热处理、零件的最终热处理、零件的力学性能及金相检测、金属零件的铸造成型、金属零件的焊接成型、金属零件的选材六个项目。通过学习，使学生能够根据任务要求，独立完成零件材料的认知、选材和热加工工作任务。

本书内容的编排是以机电设备各种金属零部件的典型加工工艺流程中热加工工作任务为中心组织开展的，融合了热加工职业技能等级标准1＋X证书的相关要求，基于岗位典型工作任务，以典型机械零件材料认知、选材和热加工为载体对课程内容进行整合，使学生了解机械零件热加工过程，掌握材料热加工制造技术的基础知识，了解材料与工艺之间的相互关系。通过对机械零件的材料成分、性能和成形工艺特点的学习，完成热处理、铸造、焊接的工艺基础知识的学习，培养学生综合运用材料及工艺知识进行选材与工艺分析的初步能力，为学习其他课程和从事技术工作打好必要基础。

本书由山西机电职业技术学院材料工程系材料成型及控制技术教研室负责人杨栋杰老师担任第一主编，负责第一次课、项目一、项目二、项目三、项目六的编写，同时负责教材的审核和统稿；由韩俊霞老师担任第二主编，协助第一主编完成教材的审核和统稿；由于永波老师担任副主编，负责最后一次课的编写；由周美辰老师负责项目五的编写；由四川工程职业技术学院张爱华、傅骏老师负责项目四的编写。

鉴于作者学识和资历尚浅，第一次主持建设新形态教材，对于教材整体结构的编排与思考有很多不足之处，仍处于不断完善和改进阶段，恳请各位读者批评指正并提出宝贵意见。

杨栋杰

目　录

目录

第一次课	认识工程材料

学习目标

1. 知识目标

掌握材料的分类与应用；了解材料历史并掌握工程材料的学习内容和方法；掌握钢铁材料的基本知识；了解钢铁材料的冶炼过程。

2. 能力目标

能根据工程材料的分类描述其应用，说明工程材料的发展历程及未来发展方向；能正确描述我国不同历史阶段的工业水平、与材料之间的关系，并能够阐述钢铁材料的冶炼过程。

3. 素质目标

培养学生爱岗敬业的精神；树立学生强烈的爱国主义情怀；学习行业知名人物创业奉献的精神；树立勇担民族复兴大任的理想；践行"奋发有为，强国有我"的誓言。

微课：课程简介

人类社会的发展历程，是以材料为主要标志的。历史上，材料被视为人类社会进化的里程碑。对材料的认识和利用的能力，决定着社会的形态和人类生活的质量。与此同时，材料的性能也在不断提高优化，现如今的材料强度越来越高，化学性能更加稳定，这些都是材料人不断探索研究实践的结果。作为我国新时代机电学子，我们有责任继承和发展支撑我国工业发展的各种材料，为我国装备制造和实现社会主义强国而努力！

材料是现代文明的三大支柱之一（图0-1），也是发展国民经济和机械工业的重要物质基础。

以计算机和网络为代表的信息技术

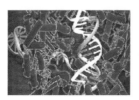
以基因工程为代表的生命科学和生物技术

以纳米技术为代表的新型材料技术

图0-1 现代文明的三大支柱

科学技术的进步，推动了材料工业的发展，使新材料不断涌现。石油化学工业的发展，促进了合成材料的兴起和应用；20世纪80年代特种陶瓷材料又有很大进展，工程材料随之扩展为包括金属材料、非金属材料两大系列的全材料范围。工程材料用于机械、车辆、船舶、建筑、化工、能源、仪器仪表、航空航天等工程领域。

一、知识准备

知识点 1. 工程材料分类

工程材料按其成分特点，可分为金属材料、非金属材料、复合材料（图 0-2）；按其用途，可分为结构材料、工具材料、功能材料；按其应用的领域，又分为机械工程材料、建筑工程材料、能源工程材料、信息工程材料、生物工程材料等。围绕"六新"发展思路与方向，山西省在特种金属产业、半导体产业、生物基新材料产业、光电产业、航空产业、碳基新材料产业、新能源汽车产业、轨道交通产业等方面抢占制高点。

微课：工程材料分类及发展历史

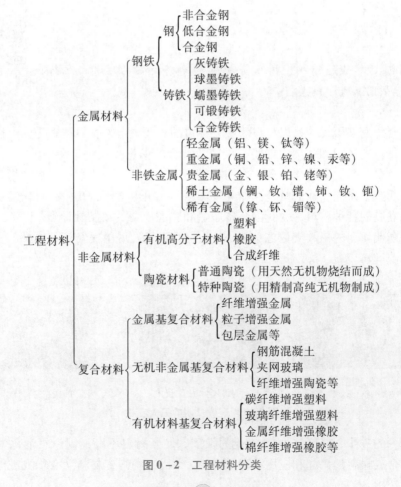

图 0-2　工程材料分类

金属材料是工业中应用最广泛的材料。其中，钢铁是钢与铁的总称。钢的种类较多，可根据需要直接用于制造产品；生铁主要用于炼钢，也可经冲天炉或电炉等熔炼后获得各类铸铁，用于生产铸件。铝、铜及其合金是目前最常用的非铁金属，在工业和民用方面都具有重要的作用。钛合金是一种高性能的轻质结构材料，它不仅具有高的比强度，还具有良好的耐高温性、耐腐蚀性，是制造导弹、火箭等航空航天工业的重要结构材料。

非金属材料分为有机高分子材料、陶瓷材料。有机高分子材料应用广泛，特别是塑料的使用极为广泛。有机高分子材料的使用改变了长期以来以钢铁为核心的状况。陶瓷材料一般具有高硬度、高绝缘性、耐高温、耐腐蚀的特点，主要用于化工设备、电气绝缘件、机械加工刀具、发动机耐热元件等方面。

复合材料是指由两种或两种以上成分且物理、化学性能不同的物质，用适当工艺方法复合成的多相固体材料，一般由基体和增强材料组成。经复合增强后，复合材料具有各组分材料不具备的某些优良性能，目前，从生活用品到工业用品、从船舶到飞船等各个领域已广泛应用。

材料的正确选择是依据构件的工作条件及由此提出的性能要求来确定的。例如，钢材具有较高的强度、较好的塑性，常用于制造受力要求较高的各类机器零件，但因为钢的单位体积质量大，所以用于制造飞机的结构件就不合适，这时选用质轻的铝合金或钛合金、复合材料更合适；铝合金适用于需要质轻而强度中等的场合，但由于铝合金的熔点低，因此在高温下使用就不合适了，这时最好选用高熔点的材料；塑料具有良好的耐腐蚀性，可以用在需要抗大气腐蚀的地方，但因为大多数塑料暴露在阳光下会严重老化，所以在室外长期使用时，选用塑料就不太合适了。

知识点 2. 材料的演变历史

人类历史长河中，新材料不断创造着人类新生活。如果用新材料的出现以及新材料及其技术对推动社会发展的作用来描述人类历史，那么人类已经经历了旧石器时代、新石器时代、青铜器时代、铁器时代、钢铁时代、高分子材料时代、复合材料时代等，现代人类更是进入了一个以高性能为代表的多种材料并存的时代。新材料的使用在人类历史进程中具有里程碑的意义。

在公元前 10000 年左右的新石器时代，人类已能利用天然材料作为生活和劳动的工具。最早使用的材料包括木材、石头、天然矿石、陶瓷等，如图 0 - 3 所示。

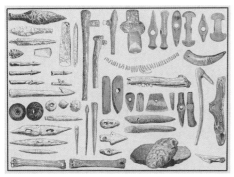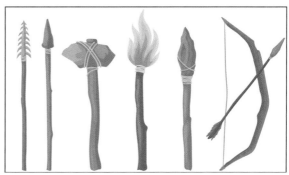

图 0 - 3　新石器时代使用的天然材料工具

随着冶炼技术的出现，生产出了铜、铁等金属，如图 0-4 所示。我国的青铜器冶炼开始于夏代，到了殷商（距今约 3 000 年）和西周时，冶炼技术和制造水平已达到了相当高的水平。生铁的冶炼始于春秋时期（距今约 2 700 年）。河南安阳出土的殷商时期司母戊大方鼎，器形凝重、纹饰华美，重达 875 kg；湖北陵发现的越王勾践宝剑，埋葬地下 2 000 多年仍金光闪闪、寒气逼人；现保存在北京大钟寺的明代永乐大钟，重 46.5 t，高 6.75 m，钟体内外共铸有 23 万字经文，其铸造技术可谓炉火纯青；出土于甘肃的汉代青铜工艺品"马踏飞燕"，造型优美，动感强烈，同时保持着精确的平衡，三足腾空，重心稳稳地落在一只脚上，是汉代艺术家和工艺师高超艺术的结晶。西汉司马迁所著《史记》、东汉班固所著《汉书·王褒传》及明代宋应星所著《天工开物》中均有大量冶炼、铸造、锻造、焊接、淬火等方面的详细记载。

司母戊大方鼎

越王勾践宝剑

永乐大钟

马踏飞燕

图 0-4　中国早期各类冶炼精品

无论是日常生活还是各个领域的现代工程，材料与成形技术的重要性十分明显。例如，高硬度、耐热性好的各种硬质合金和陶瓷刀具材料的出现，使机械加工的切削速度和零件的加工质量越来越高；低密度、高强度、耐高温钛合金材料与复合材料的使用，使飞行器越来越轻，飞行速度越来越快，并产生了巨大的效益，如我国航天事业的发展。图 0-5 所示为中国歼-20 隐形歼击机。

光导纤维材料的使用，使通信和计算机网络技术发生了革命性的变化，为人类社会进入信息时代奠定了基础，如互联网＋等，如图 0-6 所示。生物材料为人类提供了新的医疗手段；纳米技术则通过对原有各类有机材料进行纳米级结构单元重组，极大地改进了原有材料的性能和功能。

超导材料、新型高分子材料、复合材料、非晶金属材料、稀土材料等新材料都展示了

图 0-5 中国歼-20 隐形歼击机

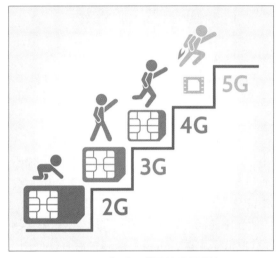

图 0-6 中国互联网的发展历程

美好的应用前景，如北京 2022 年冬奥会所使用的石墨烯礼服、火炬材料等，如图 0-7 所示。计算机控制的智能化、高效率的加工设备与生产线的出现，使毛坯和零件的加工正朝着高精度、低能耗、高效率方向发展。

（a）

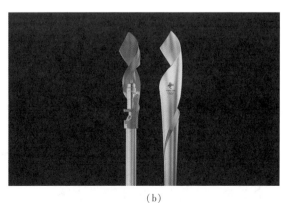

（b）

图 0-7 北京 2022 年冬奥会新材料产品
（a）石墨烯礼服；（b）火炬材料

实践证明，新产品的出现很大程度上依赖于材料科学的发展和制造工艺水平的提高，新材料及加工技术的发展可以推动传统产业的技术进步和产业结构调整。

知识点 3. 钢铁基础知识

3.1　钢的分类

从 1991 年起，我国颁布了新的钢分类方法（GB/T 13304—91），它是参照国际标准制定的。主要分为"按化学成分分类""按主要质量等级和主要性能及使用特性分类"两种。为了方便对照使用，将其中常用部分总结如图 0 - 8 所示。

> 注意：新的钢分类方法中采用"非合金钢"一词代替传统的"碳素钢"。

$$
钢
\begin{cases}
非合金钢 \begin{cases} 普通质量非合金钢 \\ 优质非合金钢 \\ 特殊质量非合金钢 \end{cases} \\
低合金钢 \begin{cases} 普通质量低合金钢 \\ 优质低合金钢 \\ 特殊质量低合金钢 \end{cases} \\
合金钢 \begin{cases} 优质合金钢 \\ 特种质量合金钢 \end{cases}
\end{cases}
$$

图 0 - 8　常用部分

钢铁材料包含钢与生铁，是以铁和碳为主要组成元素，同时还含有硅、锰、磷、硫等杂质元素。生铁中碳的质量分数较高（$w(C) > 2.11\%$），杂质元素的含量也比较高，很少直接使用，其原因是生铁的化学成分中含有较多的碳和杂质元素，使得生铁的切削加工性能差，强度、塑性和韧性低，不能满足加工和使用要求。钢中的碳的质量分数低（$w(C) < 2.11\%$），杂质元素的含量也低于生铁，可供生产和生活直接使用。

3.2　非合金（碳素）钢

非合金钢价格低廉、工艺性能好，力学性能能满足一般工程和机械制造的使用要求，是工业生产中用量最大的工程材料。如图 0 - 9 所示，我国武汉长江大桥（又称万里长江第一桥）和南京长江大桥（也称争气桥）彰显了中华人民共和国成立后自力更生、艰苦奋斗的创业精神。

微课：非合金钢基础知识

（a）

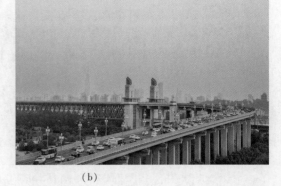

（b）

图 0 - 9　武汉长江大桥（a）和南京长江大桥（b）

1. 非合金（碳素）钢中的常存杂质元素

阅读引导：了解钢中常存杂质的来源及其影响。

钢铁中常存杂质有锰、硅、硫、磷，它们的存在对钢铁的性能有较大影响。

（1）锰和硅

在炼铁、炼钢的生产过程中，由于原料中含有锰、硅以及使用锰、硅作脱氧剂，使得钢中常含有少量的锰、硅元素。当 $w(\text{Mn}) < 1.2\%$、$w(\text{Si}) < 0.4\%$ 时，能溶入铁素体使之强化，提高钢的强度、硬度，并且不降低钢的塑性、韧性。另外，锰还可以与硫形成 MnS，消除硫的有害作用，并能起断屑作用，可改善钢的切削加工性。因此，锰和硅在钢中是有益元素。

（2）硫和磷

硫和磷也是从原料及燃料中带入钢中的。硫在固态下不溶于铁，以 FeS（熔点 1 190 ℃）的形式存在。FeS 常与 Fe 形成低熔点（985 ℃）共晶体分布在晶界上，当钢加热到 1 000 ~ 1 200 ℃进行压力加工时，由于分布在晶界上的低熔点共晶体熔化，使钢沿晶界处开裂。这种现象称为热脆。磷在常温固态下能全部溶入铁素体中，使钢的塑性、韧性显著降低，在低温时表现尤为突出。这种在低温时由磷导致钢严重脆化的现象称为冷脆。因此，钢中的硫、磷是有害元素，其含量必须严格控制。但是磷的冷脆作用有时可以利用，如在炮弹钢中加入较多的磷，使钢的脆性增加，炮弹爆炸时，碎片增多可增加杀伤力。

2. 非合金（碳素）结构钢

阅读引导：掌握非合金结构钢的牌号、性能、热处理及用途；了解几种常用的非合金结构钢及其应用。

非合金（碳素）结构钢分为通用结构钢和专用结构钢两类。

通用结构钢牌号由代表屈服点的拼音字母"Q"、屈服点数值（单位为 MPa）和规定的质量等级符号、脱氧方法等符号组成。屈服点数值以钢材厚度（或直径）不大于 16 mm 的钢的屈服点数值表示；质量等级分 A、B、C、D、E，表示硫、磷含量不同，其中 A 级质量最低，E 级质量最高；脱氧方法用 F（沸腾钢）、b（半镇静钢）、Z（镇静钢）、TZ（特殊镇静钢）表示，牌号中的"Z"和"TZ"可以省略。例如，Q235AF，表示屈服点 $\sigma_\text{s} = 235$ MPa，质量为 A 级的沸腾非合金（碳素）结构钢。

专用结构钢牌号一般由代表钢屈服点的符号"Q"、屈服点数值及规定的代表产品用途的符号等组成。例如，压力容器用钢牌号表示为 Q235R。

非合金（碳素）结构钢，价格低廉、工艺性能（焊接性、冷变形成形性）优良，用于制造一般工程结构、普通机械零件以及日用品等。通常热轧成扁平成品或各种型材（圆钢、方钢、工字钢、钢筋等），一般不经热处理，在热轧态直接使用。表 0－1 列出了非合金（碳素）结构钢的牌号、化学成分、力学性能和用途。

表 0-1　非合金（碳素）结构钢的牌号、化学成分、力学性能和用途

牌号	等级	化学成分/%					脱氧方法	应用举例
		$w(C)$	$w(Mn)$	$w(Si)$	$w(S)$	$w(P)$		
					≤			
Q195	—	0.06 ~ 0.12	0.25 ~ 0.50	0.30	0.050	0.045	F/Z	用于制作钉子、铆钉、垫块及轻负荷的冲压件
Q215	A	0.09 ~ 0.15	0.25 ~ 0.55	0.30	0.050	0.045	F/bZ	
	B				0.045			
Q235	A	0.14 ~ 0.22	0.30 ~ 0.65	0.30	0.050	0.045	F/bZ	用于制作小轴、拉杆、连杆、螺栓、螺母、法兰等不太重要的零件
	B	0.12 ~ 0.20	0.30 ~ 0.70		0.045			
	C	≤0.18	0.35 ~ 0.80	0.30	0.040	0.040	Z	
	D	≤0.17			0035	0.035	TZ	
Q255	A	0.18 ~ 0.28	0.40 ~ 0.70	0.30	0.050	0.045	Z	用于制作拉杆、连杆、转轴、心轴、齿轮和键等
	B				0.045			
Q275	—	0.28 ~ 0.38	0.50 ~ 0.80	0.35	0.050	0.045	Z	

3. 优质非合金（碳素）结构钢

阅读引导：掌握优质非合金（碳素）结构钢的牌号、性能、热处理及用途；了解几种常用的优质非合金（碳素）结构钢及其应用。

优质非合金（碳素）结构钢牌号由两位阿拉伯数字或阿拉伯数字与特性符号组成。以两位阿拉伯数字表示平均碳的质量分数（以万分之几计）。沸腾

> 思考：优质非合金结构钢和普通结构钢的区别。

钢和半镇静钢在牌号尾部分别加符号"F"和"b"，镇静钢一般不标符号。较高含锰量的优质非合金（碳素）结构钢，在表示平均碳的质量分数的阿拉伯数字后面加锰元素符号。例如，$w(C) = 0.50\%$、$w(Mn) = 0.70\% ~ 1.00\%$的钢，其牌号表示为"50Mn"。高级优质非合金（碳素）结构钢，在牌号后加符号"A"，特级优质非合金（碳素）结构钢在牌号后加符号"E"。

优质非合金（碳素）结构钢主要用来制造各种机械零件，一般须经热处理后使用，以充分发挥其性能潜力。优质非合金（碳素）结构钢的牌号和用途见表 0-2。

表 0-2　优质非合金（碳素）结构钢的牌号和用途

牌号	用途举例
10 10F	用来制造锅炉管、油桶顶盖、钢带、钢丝、钢板和型材，用于制造机械零件
20 20F	用于不经受很大应力而要求韧性的各种机械零件，如拉杆、轴套、螺钉、起重钩等；也用于制造在约 5.9 kPa（60 大气压）、450 ℃以下非腐蚀介质中使用的管子等；还可以用于心部强度不大的渗碳与碳氮共渗零件，如轴套、链条的滚子、轴以及不重要的齿轮、链轮等

牌号	用途举例
35	用作热锻的机械零件、冷拉和冷顶锻钢材、无缝钢管、机械制造中的零件，如转轴、曲轴、轴销、拉杆、连杆、横梁、星轮、套筒、轮圈、钩环、垫圈、螺钉、螺母等；还可用来铸造汽轮机机身、轧钢机机身、飞轮等
40	用来制造机器的运动零件，如辊子、轴、曲柄销、传动轴、活塞杆、连杆、圆盘等
45	用来制造蒸汽涡轮机、压缩机、泵的运动零件；还可以用来代替渗碳钢制造齿轮、轴、活塞销等零件，但零件需经高频或火焰表面淬火，并可用作铸件
55	用于制造齿轮、连杆、轮圈、轮缘、扁弹簧及轧辊等，也可用作铸件
65	用于制造气门弹簧、弹簧圈、轴、轧辊、各种垫圈、凸轮及钢丝绳等
70	用于制造弹簧

4. 非合金（碳素）工具钢

阅读引导：掌握非合金（碳素）工具钢的牌号、性能、热处理及用途；了解几种常用的非合金（碳素）工具钢及其应用。

非合金（碳素）工具钢牌号一般由代表碳的符号"T"与阿拉伯数字组成，其中，阿拉伯数字表示平均碳的质量分数（以千分之几计）。例如，T12 钢，表示 $w(C)=1.2\%$ 的非合金（碳素）工具钢。对于较高含锰量或高级优质非合金（碳素）工具钢，牌号尾部的表示方法同优质非合金（碳素）结构钢。

非合金（碳素）工具钢生产成本较低，加工性能良好，可用于制造低速、手动刀具及常温下使用的工具、模具、量具等。使用前需要进行热处理。常用非合金（碳素）工具钢的牌号及用途见表 0-3。

表 0-3　常用非合金（碳素）工具钢的牌号及用途

牌号	化学成分/%					用途举例
	C	Si≤	Mn≤	S≤	P≤	
T7	0.65~0.74	0.35	0.40	0.030	0.035	用作能承受冲击、硬度适当，并有较好韧性的工具，如扁铲、手钳、大锤及木工工具等
T8	0.75~0.84	0.35	0.40	0.030	0.035	用作能承受冲击、要求较高硬度与耐磨性的工具，如冲头、压缩空气工具及木工工具等
T9	0.85~0.94	0.35	0.40	0.030	0.035	用作硬度高、韧性中等的工具，如冲头等
T10	0.95~1.04	0.35	0.40	0.030	0.035	用作不受剧烈冲击，要求硬度高、耐磨的工具，如冲模、钻头、丝锥、车刀等
T11	1.05~1.14	0.35	0.40	0.030	0.035	

续表

牌号	化学成分/%					用途举例
	C	Si≤	Mn≤	S≤	P≤	
T12	1.15~1.24	0.35	0.40	0.030	0.035	用作不受冲击，要求硬度高、极耐磨的工具，如锉刀、精车刀、量具、丝锥等
T13	1.25~1.35	0.35	0.40	0.030	0.035	用作刮刀、拉丝模、锉刀、剃刀等

5. 铸造非合金（碳素）钢

阅读引导：掌握铸造非合金（碳素）钢的牌号、性能、热处理及用途。

许多形状复杂的零件，很难通过锻压等方法加工成形，若使用铸铁制造，性能又难以满足需求，此时常常选用铸钢铸造获取铸钢件，因此，非合金（碳素）铸钢在机械制造尤其是重型机械制造业中应用非常广泛。铸造非合金（碳素）钢的牌号根据 GB/T 5613—1995 的规定，有两种表示方法：以强度表示的铸钢牌号，是由铸钢代号"ZG"与表示力学性能的两组数字组成，第一组数字代表最低屈服点，第二组数字代表最低抗拉强度值。例如，ZG200-400，表示最低屈服强度不小于 200 MPa，最低抗拉强度不小于 400 MPa；另一种用化学成分表示的牌号在此不作介绍。工程用铸造非合金（碳素）铸钢的牌号及用途见表 0-4。

表 0-4　工程用铸造非合金（碳素）钢的牌号及用途

牌号	应用举例
ZG200-400	用于受力不大、要求韧性的各种机械零件，如机座、变速箱壳等
ZG230-450	用于受力不大、要求韧性的各种机械零件，如砧座、外壳、轴承盖、底板、阀体等
ZG270-500	用作轧钢机机架、轴承座、连杆、箱体、曲轴、缸体、飞轮、蒸汽锤等
ZG310-570	用作载荷较高的零件，如大齿轮、缸体、制动轮、辊子等
ZG340-640	用作起重运输机中的齿轮、联轴器及重要的机件

知识点 4. 钢铁的生产

阅读引导：重点了解炼钢、炼铁的实质及生产过程；二者的联系及区别。

微课：钢铁的生产

现代的炼钢方法是以生铁为主要原料，装入高温的炼钢炉中，通过氧化作用降低生铁中的含碳量而炼成钢水，铸成钢锭后，再经轧制成钢材供应，少数钢锭经锻造成锻件后供应。

4.1　钢铁的冶炼

现代钢铁工业生产生铁的主要方法是高炉炼铁。高炉炼铁的炉料主要是铁矿石、燃料和熔剂（$CaCO_3$）。高炉炼铁过程示意如图 0-10 所示。

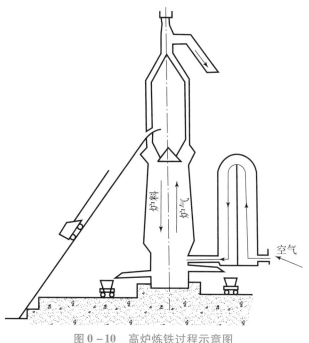

图 0-10 高炉炼铁过程示意图

经高炉冶炼后的铁不是纯铁，而是含有碳、硅、锰、硫、磷等元素的合金，称为生铁。生铁是高炉冶炼的主要产品。生铁是炼钢或熟铁（锻铁）的原料，含碳量为 0.2%~1.7% 的铁合金称为钢，含碳量小于 0.2% 的为熟铁。根据用户的需求，生铁可分为铸造生铁和炼钢生铁两类。铸造生铁的断口呈暗灰色，用于机械制造厂生产成形铸件；炼钢生铁的断口呈亮白色，用来在炼钢炉中炼钢。现代炼钢方法是以生铁为主要原料，首先把生铁熔化成液体，然后将它倾入高温的炼钢炉中，利用氧化作用将碳及其他元素去除到规定范围之内，就得到了钢。

1. 炼钢过程

现代工业炼钢方法是先在 1 500~1 700 ℃ 的高温下，把炉料熔化成液体，再吹入空气、氧气或加入其他物质（如铁矿石）为氧化剂，氧化炉料中的杂质。进入铁液中的氧首先与铁生成氧化亚铁（FeO），然后 FeO 与其他元素反应，使它们氧化，从而使炉料变为成分合格的钢水。其主要反应如下：

（1）碳、硅、锰的氧化

$$FeO + C = Fe + CO \uparrow$$
$$2FeO + Si = 2Fe + SiO_2（渣）$$
$$FeO + Mn = Fe + MnO（渣）$$

（2）去磷、去硫

$$2P + 5FeO = 5Fe + P_2O_5$$
$$P_2O_5 + 4CaO = 4CaO \cdot P_2O_5（渣）$$

硫在铁中以 FeS 的形式存在

$$FeS + CaO = FeO + CaS（渣）$$

（3）钢的脱氧

向铁液中供入的氧，使碳、硅、锰等杂质氧化的同时，铁也被氧化。钢液中溶入了过多的氧，必须经过脱氧，才能获得合格的钢。常用的脱氧剂有硅铁（Fe - Si 合金）、锰铁（Fe - Mn 合金）和铝。

$$2FeO + Si = 2Fe + SiO_2$$
$$FeO + Mn = Fe + MnO$$
$$3FeO + 2Al = 3Fe + Al_2O_3$$

脱氧形成的 SiO_2、MnO、Al_2O_3 都浮到渣中除去。当钢液的成分与温度均达到规定要求时，才可出钢。

2. 炼钢方法

现代炼钢方法主要有转炉、平炉及电炉炼钢法三种。根据炉衬耐火材料的性质，各种炼钢炉又可分为酸性炉（炉衬的主要成分为二氧化硅）和碱性炉（炉衬的主要成分为氧化镁、氧化钙）两种。氧气转炉及电弧炉示意图如图 0 - 11 所示，炼钢方法的原料、特点及产品见表 0 - 5。

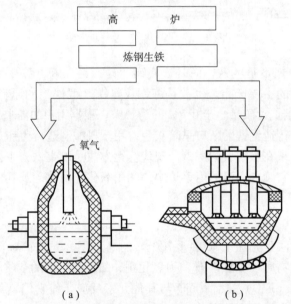

图 0 - 11   氧气转炉及电弧炉示意图
（a）氧气转炉；（b）电弧炉

表 0 - 5   三种炼钢方法的原料、特点及产品

炼钢方法	热源	主要原料	主要特点	产品
氧化转炉	氧化反应的化学热	液态炼钢生铁、废钢	冶炼速度快、生产率高，钢的品种、质量和平炉大致一样	非合金钢和低碳钢
平炉	煤气、天然气、重油	炼钢生铁、废钢	容量大、炉料中的废钢比例大、冶炼时间长、工业过程容易控制	

续表

炼钢方法	热源	主要原料	主要特点	产品
电弧炉	电能	废钢	炉料通用性大、炉内气氛可以控制、脱氧良好、能冶炼难熔的合金钢、钢的质量优良、品种多样化	合金钢

3. 钢的浇注

钢水炼成后，除少数用来浇铸成铸钢件外，其余都浇铸成钢锭（或连铸坯）。钢锭用于轧钢或锻造大型锻件的毛坯。图0-12是钢水的模铸法和连铸法的示意图。连铸法由于生产率高、钢坯质量好，得到广泛采用。

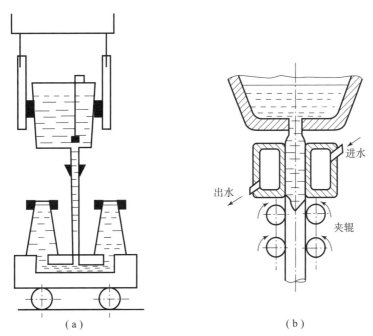

（a）　　　　　　　　　　　　（b）

图 0-12　钢水的模铸法和连铸法的示意图

（a）模铸法；（b）连铸法

根据钢水的脱氧程度不同，可将钢锭分为镇静钢、半镇静钢和沸腾钢三类。半镇静钢介于镇静钢和沸腾钢两者之间。镇静钢和沸腾钢的特点和性能见表0-6。

表 0-6　镇静钢和沸腾钢的特点和性能

项目	镇静钢	沸腾钢
脱氧程度	脱氧完全，基本无 CO 气泡产生，钢液保持平静	脱氧不完全，大量 CO 气泡产生，钢液有明显的沸腾现象
特点	表面质量一般	表面质量良好、偏析较严重
力学性能	冲击韧性好	冲击韧性差
	在条件相同的情况下，强度和伸长率大致相同	

4.3 钢材生产

大部分钢材加工都是浇铸后的钢锭通过压力加工，使被加工的钢（坯、锭等）产生塑性变形。图 0 – 13 所示为不同型材断面示意图。根据钢材加工温度不同，加工钢材也分冷加工和热加工两种。钢材的主要加工方法有：

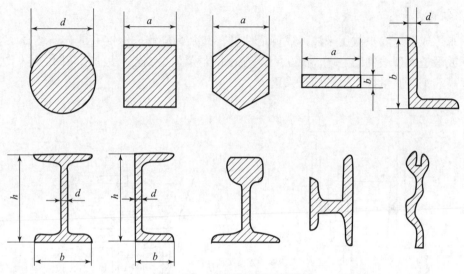

图 0 – 13　不同型材断面示意图

轧制：将钢材金属坯料通过一对旋转轧辊的间隙（各种形状），因受轧辊的压缩，使材料截面减小、长度增加的压力加工方法，这是生产钢材最常用的生产方式，主要用来生产钢材型材、板材、管材，分冷轧、热轧。

锻造钢材：利用锻锤的往复冲击力或压力机的压力使坯料改变成所需的形状和尺寸的一种压力加工方法。一般分为自由锻和模锻，常用作生产大型材、开坯等钢材截面尺寸较大的材料。

拉拔钢材：是将已经轧制的金属坯料（型、管、制品等）通过模孔拉拔成截面减小、长度增加的加工方法。大多用作冷加工。

挤压：是将金属放在密闭的挤压筒内，一端施加压力，使金属从规定的模孔中挤出而得到相同形状和尺寸的成品的加工方法。多用于生产有色金属钢材。

1. 钢板

将钢锭或钢坯通过一系列轧机可轧制成钢板。钢板分为厚板、中板、薄板和钢带。厚板的厚度大于 25 mm；中板厚度为 4～25 mm；薄板的厚度小于 4 mm；钢带的宽度较窄、长度较长，一般成卷供应。也可根据轧制方法分为热轧板和冷轧板两种。钢板还可进行各种表面处理，如镀锌、镀锡、镀铅和塑料复合等。

2. 型钢

型钢是采用具有各种孔型轧辊的轧机轧制而成的。型钢的种类和规格很多，通常根据截面形状分为简单截面（圆钢、方钢、扁钢、六角钢和八角钢等）和复杂截面（工字钢、槽钢、角钢和T形钢等）两类。按钢种分为普通型钢和优质型钢。普通型钢主要用于建筑、桥梁和车辆等，优质型钢主要用于机械零件和工具等。

3. 钢管

钢管按生产方法，可分为无缝钢管和有缝钢管（焊管）。无缝钢管是用斜轧穿孔机将实心钢坯穿孔后，再经冷拔或热轧而制成。分为冷拔管和热轧管。无缝钢管能承受较高压力，主要用于石油、化工等行业。有缝钢管是用钢板或钢带卷制成形，然后焊接而成。分为直缝焊管和螺旋焊管。有缝钢管应用广泛，主要用于自来水管、煤气管等低压管道。

4. 钢丝

根据钢丝的截面形状，钢丝是用直径为 6~9 mm 的热轧线材（盘条）拉拔而成的。根据化学成分、强度等级、应用场合等将其分为多种类型。退火的低碳钢丝可用于捆扎物体，也可编织成各种用品；高碳钢丝可制成各种弹簧，或用多根钢丝捻成合股的钢丝绳和钢索，用于吊索和固定物体等。

二、课后练习

（一）填空题

1. 钢按用途可分为_____、_____、_____。
2. 钢的质量等级主要是根据_____来确定的。
3. 钢材产品主要有_____、_____、_____、_____四种类型。
4. T12A 钢按用途分类，属于____钢；按碳的质量分数分类，属于____；按冶炼质量分类，属于____。
5. 45 钢按用途分类，属于_____钢；按碳的质量分数分类，属于_____；按冶炼质量分类，属于_____。
6. Q235 钢按用途分类，属于_____钢；按冶炼质量分类，属于_____。
7. 非合金钢按脱氧程度，可分为_____钢、_____钢和_____钢。

（二）选择题

1. 牌号 08F 中，08 表示平均碳的质量分数为（   ）%
A. 0.08   B. 0.8   C. 8
2. ZG310-570 中，310 表示钢的（   ），570 表示钢的（   ）。
A. 抗拉强度值   B. 屈服强度值   C. 疲劳强度值   D. 布氏硬度值
3. 非合金钢中的普通、优质和特殊质量非合金钢是按（   ）进行区分的。
A. 主要质量等级   B. 主要性能   C. 使用特性   D. 前三者综合考虑
4. 牌号 Q235A 中的 A 表示（   ）。
A. 质量等级   B. 纯度   C. 尺寸规格符号   D. 布氏硬度
5. 在平衡状态下，下列牌号的钢中，强度最高的是（   ）钢，塑性最好的是（   ）钢，硬度最高的是（   ）钢。
A. 45   B. 65   C. 08F   D. T12

（三）简答题

1. 举例说明工程中常用的型钢种类。

2. 钢的质量等级与哪些因素有关?

3. 简述钢铁的冶炼过程。

 学习目标

1. 知识目标

掌握金属热处理的概念及种类；了解相图在热处理工艺制订过程中的作用；掌握退火、正火工艺的基本概念、工艺目的和应用范围；了解金属在加热、冷却过程中内部组织的变化规律；掌握金属的晶体结构；掌握合金渗碳钢、滚动轴承钢、合金调质钢等合金钢的特征及预备热处理工艺。

2. 能力目标

可根据要求为零件选择合理的退火、正火工艺并进行操作；能根据零件的合金成分及性能要求正确选用预备热处理工艺。

3. 素质目标

形成遵守设备安全操作规程的习惯；传承金属热处理的工匠精神，具备保证产品质量的意识，树立"质量强国"的理念，节约企业生产成本；懂得"材经淬砺，料化锐锋"的人生哲理。

我们在生活中见到的各种金属零件，如变速箱中的轴承、传动轴、齿轮等，这些零件具备优良的力学性能，能够保证机械设备正常运转，确保生产车间的运行，推动国家工业不断发展。但我们也应该思考一下，这些零件在预加工成型后，是直接拿来精加工或者使用的吗？如果不是，需要怎样的加工处理呢？带着这样的问题，我们共同学习并掌握本项目的知识和技能。

本项目主要完成以下学习任务：

任务一：变速齿轮（20CrMnTi）的正火热处理

任务二：轴承（GCr15）的退火热处理

任务三：弹簧钢（60Si2Mn）的预备热处理

任务四：传动轴（40Cr）的预备热处理

 知识准备

钢的热处理原理

热处理是采用适当的方式对钢材或工件进行加热、保温和冷却，

微课：零件的热处理

以获得预期的组织结构与性能的工艺方法。其特点是：只改变内部组织结构，不改变表面形状与尺寸。而且都由加热、保温、冷却三个阶段组成。通常可在温度－时间坐标中用曲线来表示，称为热处理工艺曲线，如图1－1所示。制订热处理工艺主要是确定加热温度、保温时间和冷却速度三个基本参数。

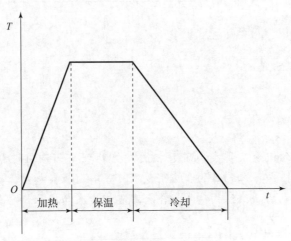

图1－1　热处理工艺曲线

热处理的目的，除了消除毛坯缺陷，改善工艺性能，以利于进行冷、热加工外，更重要的是充分发挥材料潜力，显著提高力学性能，进而提高产品质量，延长使用寿命。

因此，热处理在机械制造业中占有十分重要的地位。根据热处理的目的、要求和工艺方法的不同，热处理工艺一般分为以下三类：

①整体热处理。常用的有正火、退火、淬火、回火。

②表面热处理。常用的有表面淬火和回火。

③化学热处理。常用的有渗碳、渗氮、碳氮共渗。

微课：零件锻造及
加工缺陷

正火与退火在机械零件或工模具等零件的制造过程中，经常作为预备热处理，安排在铸、锻、焊之后，切削（粗）加工之前，用于消除前一道工序所带来的某些缺陷，并为随后的工序做好准备。

知识点1. 金属的晶体结构及同素异晶转变

1.1　金属的晶体结构

微课：金属的
晶体结构

1.1.1　纯金属的晶体结构

固态金属一般是晶体，其原子（正离子）是按一定几何规则做周期性排列的。为了便于分析，先假设金属中的原子是刚性小球，而不再细分正离子与自由电子。这样，金属晶体就可以看成是由许多刚性小球按一定几何规则紧密堆积而成的。为了更清楚地描述晶体中原子排列的几何形状和规律，实际研究中常引用晶格和晶胞的概念。晶胞是根据晶体中原子排列规律性和周期性的特点，可从晶格中选取一个能够完全反映晶格特征的、最小的几何单元，来分析晶体中原子排列的规律，如图 1-2 所示。

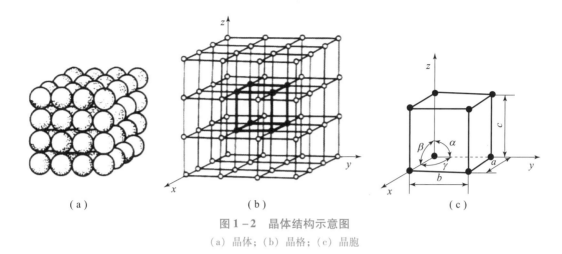

（a） （b） （c）

图 1-2 晶体结构示意图

（a）晶体；（b）晶格；（c）晶胞

由于金属键具有较强的结合力，促使金属原子总是尽可能地趋于紧密排列，导致金属的晶格十分简单（非金属晶体则一般都具有比较复杂的晶体结构，对称性较低）。在金属元素中，约有 90% 以上的金属晶体属于以下三种简单密排的晶格结构。

1. 体心立方晶格

体心立方晶格的晶胞是一个立方体。如图 1-3（a）所示，在立方体的 8 个顶角和中心各排有一个原子，8 个顶角上的每个原子为相邻的 8 个晶胞所共有，中心的原子为该晶胞所独有。每个晶胞的原子数为 8 × 1/8 + 1 = 2（个）。

纯铁（α-Fe）在 912 ℃ 以下具有体心立方晶格，属于这类晶格的金属元素还有 Cr、Mo、W、V 等约 30 种，约占金属元素的一半。它们大多具有较高的强度和韧性。

晶胞中原子排列的紧密程度可用致密度来表示。致密度是晶胞中原子所占体积与该晶胞体积之比。体心立方晶格的致密度为 0.68，表示体心立方晶格有 68% 的体积被原子所占据，其余 32% 为空隙。

2. 面心立方晶格

面心立方晶格的晶胞也是一个立方体，如图 1-3（b）所示，即在立方体的 8 个顶角和 6 个面的中心各有一个原子，顶角上的原子为相邻的 8 个晶胞所共有。面中心的原子为相邻两个晶胞所共有。每个晶胞原子数为 8 × 1/8 + 6 × 1/2 = 4（个）。致密度为 0.74。纯铁（γ-Fe）在 912 ~ 1 394 ℃ 时具有面心立方晶格，属于这类晶格的金属元素还有 Al、Cu、Ni、Pb、Au、Ag 等。它们大多具有较高的塑性。

3. 密排六方晶格

密排六方晶格的晶胞是一个正六方柱体，如图 1-3（c）所示。原子位于两个底面的中心处和 12 个顶点上，体内还包含着 3 个原子。12 个顶点上的每个原子为相邻 6 个晶胞所共有，上下底面中心的原子为相邻的两个晶胞所共有，而体内所包含的 3 个原子为该晶胞所独有。每个晶胞原子数为 12 × 1/6 + 2 × 1/2 + 3 = 6（个）。其致密度为 0.74。属于这类晶格的金属元素有 Mg、Zn、Be、Cd 及高温下的 Ti 等。它们大多具有较大的脆性，塑性较差。

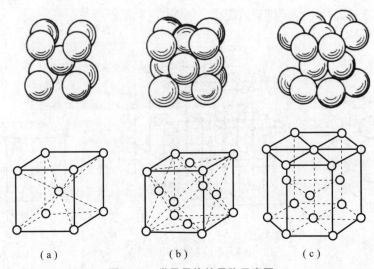

图1-3　常见晶格的晶胞示意图
（a）体心立方；（b）面心立方；（c）密排六方

金属结晶时，由于结晶条件的限制以及外力作用的影响等，往往使晶体中局部区域的原子规则排列受到干扰而被破坏。这种原子排列的不完整性称为晶体缺陷。实际金属中，除了具有多晶体组织外，还存在着多种晶体缺陷。根据几何特征，一般分为以下三类：

1. 点缺陷

点缺陷是指点状的，即在三维方向上尺寸都很小的晶体缺陷。主要由空位和间隙原子等形成。空位是结晶时晶格上应被原子占据的结点未被占据，如图1-4中1所示；间隙原子则是个别具有较高能量的原子摆脱晶格对其的束缚，脱离平衡位置，跳到晶界处或晶格间隙处而形成间隙原子，或跳到结点上形成置换原子，如图1-4中2、3所示。点缺陷的存在使晶格发生畸变，从而引起金属强度、硬度升高，电阻增大。

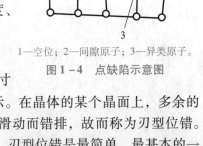

1—空位；2—间隙原子；3—异类原子。
图1-4　点缺陷示意图

2. 线缺陷

线缺陷是指在两维方向上尺寸很小、另一方向上尺寸很大的晶体缺陷，在晶体中呈线状分布，如图1-5所示。在晶体的某个晶面上，多余的原子面像刀刃插入晶体，使上、下两部分原子发生相对滑动而错排，故而称为刃型位错。位错附近区域内，晶格发生了畸变，造成金属强度升高。刃型位错是最简单、最基本的一种位错，在外力作用下会产生运动、堆积和缠结。冷塑性变形就是通过晶体中位错缺陷大量增加来大幅度提高金属的强度的，这种方法称为形变强化。

3. 面缺陷

面缺陷是指在一维方向尺寸很小、另两维方向上尺寸很大的晶体缺陷，如图1-6所示。面缺陷主要是指晶界和亚晶界。由于各个晶粒之间的位向互不相同，当一个位向的晶粒过渡到另一位向的晶粒时，必然会形成一个原子排列无规则的过渡层。

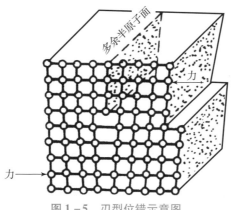

图 1-5 刃型位错示意图

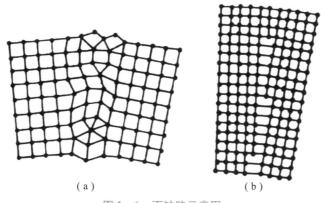

（a）   （b）

图 1-6 面缺陷示意图

（a）晶界；（b）亚晶界

1.1.2 合金的晶体结构

合金是指由两种或两种以上的金属元素或金属元素与非金属元素组成的具有金属特征的物质。在金属或合金中，凡化学成分相同、晶体结构相同并有界面与其他部分分开的均匀组成部分叫作相。液态物质为液相，固态物质为固相。合金的组织是由一种或多种相以不同的形态、尺寸、数量和分布形式组成的综合体。只由一种相组成的组织称为单相组织；由几种不同的相组成的组织称为多相组织。

根据构成合金各组元之间相互作用的不同，固态合金的相结构可分为固溶体和金属化合物两大类。

1. 固溶体

如果把合金加热到熔化状态，则组成合金的各组元相互溶解形成均匀液体。当合金由液态冷却结晶为固态时，组元之间也会相互溶解。如果一个组元的原子溶解到了另一个组元的晶格中，而保留该组元晶格不变，则形成固溶体。保留晶格不变的组元称为溶剂，晶格消失的组元称为溶质，可见固溶体的晶格与溶剂晶格相同。根据溶质原子在溶剂晶格中所占位置的不同，可将固溶体分为间隙固溶体与置换固溶体两类。

（1）间隙固溶体

溶质原子溶入溶剂晶格的间隙所形成的固溶体称为间隙固溶体，如图 1-7 所示。例如，钢中的碳溶于 $\alpha-Fe$ 或 $\gamma-Fe$ 中形成的间隙固溶体。

（2）置换固溶体

若溶质原子不能溶入溶剂晶格间隙而是置换溶剂原子占据其晶格结点位置时，形成置换固溶体，如图 1-8 所示。Fe、Mn、Ni、Cr、Si、Mo 等元素都可以相互形成置换固溶体。

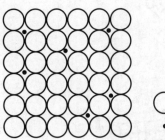

○ 溶剂原子
· 溶质原子

图 1-7　间隙固溶体结构示意图

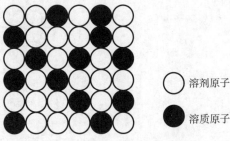

○ 溶剂原子
● 溶质原子

图 1-8　置换固溶体结构示意图

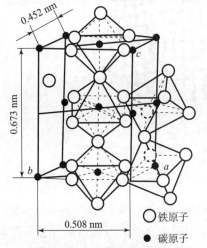

○ 铁原子
● 碳原子

图 1-9　金属化合物 Fe_3C 晶格
结构示意图

2. 金属化合物

金属组元在固态下相互溶解的能力常常有限。当溶质含量超过溶剂的溶解度时，溶质与溶剂相互作用会形成金属化合物。金属化合物是合金的另一种相结构，具有不同于任一组元的复杂晶格结构，一般可用分子式来表示，但常常不符合化合价规律。例如，铁碳合金中形成的金属化合物 Fe_3C 具有复杂的晶格结构（图 1-9），并具有很高的熔点和硬度，但韧性差，很少单独使用。

1.2　金属的同素异晶转变

金属经结晶形成固体后，都具有一定的晶格结构，多数在固态不再发生晶格结构变化。但 Fe、Co、

微课：金属的
同素异晶转变

Ti、Mn、Sn 等少数金属在固态下却会随温度的变化而发生晶格结构的改变，这种现象称为同素异晶转变，也称为重结晶。由于同素异晶转变是在固态下发生的，其原子扩散比较困难，转变时需要较大的过冷度；另外，由于转变时晶格的致密度改变，将引起晶体体积变化，在金属中引起较大

注意：重结晶不是再结晶。

的内应力。例如，由 $\gamma-Fe$ 转变为 $\alpha-Fe$ 时体积约增大1%。图 1-10 为纯铁的冷却曲线，该图表明纯铁在结晶为固态后继续冷却至室温的过程中，还会发生两次晶格结构的转变。其过程如下：

铁由液态结晶（1 538 ℃）后具有体心立方晶格结构，称为 $\delta-Fe$；当冷至1 394 ℃时

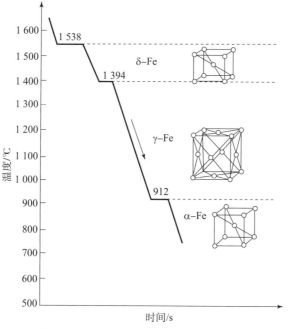

图 1 – 10　纯铁的冷却曲线及晶体结构示意图

转变为面心立方晶格结构，称为 γ – Fe；继续冷至 912 ℃时，又转变为体心立方晶格结构，称为 α – Fe；以后一直冷至室温，晶格结构不再发生变化。以铁为基础的铁碳合金之所以能够通过热处理显著改变其性能，就是因为纯铁具有同素异构转变的特性。

讨论提示：金属力学性能与晶格结构的关系；理想金属晶体与实际金属晶体的差异；金属的同素异晶转变对生产的作用。

知识点 2. 铁碳合金相图的应用

在铁碳合金中，铁与碳可以形成 Fe_3C、Fe_2C、FeC 等一系列化合物，随着碳的质量分数增加，合金的性能逐渐变脆，当碳的质量分数大于 5% 之后，合金将失去使用价值。因此，在铁碳合金中，一般只研究碳质量分数为 5% 左右的合金。由试验可知，当碳的质量分数为 6.69% 时，刚好能够形成一种稳定的金属化合物，即 Fe_3C（又称渗碳体）。$Fe – Fe_3C$ 相图如图 1 – 11 所示。

微课：铁碳合金
相图的应用

2.1　铁碳合金的相结构

铁碳合金的相结构主要有固溶体和金属化合物两类。属于固溶体相的有铁素体和奥氏体，属于金属化合物相的主要为渗碳体。

1. 铁素体

碳溶于 α – Fe 中形成的间隙固溶体称为铁素体，用符号"F"表示。铁素体的显微组织如图 1 – 12（a）所示，其晶粒在显微镜下呈现均匀明亮、边界平缓的多边形特征。

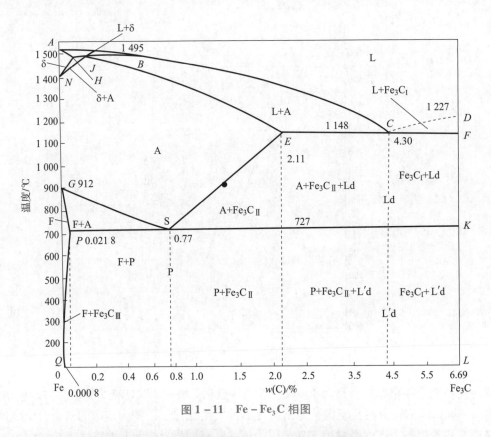

图 1-11　Fe-Fe₃C 相图

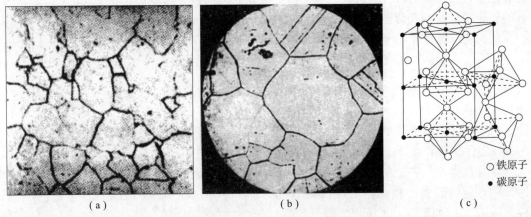

（a）　　　　　　　　　　（b）　　　　　　　　　（c）

图 1-12　铁素体显微组织

（a）铁素体；（b）奥氏体；（c）渗碳体

　　由于 α-Fe 晶格间隙很小，因此溶碳能力很小，在 727 ℃时溶碳最多（$w(C)$ = 0.021 8%），室温下几乎约为零（$w(C)$ = 0.000 8%）。铁素体的性能与纯铁相近，强度、硬度较低（σ_b = 180~280 MPa，50~80 HBS），而塑性、韧性较好（δ = 30%~50%，A_{KU} = 128~160 J）。以铁素体为基体的铁碳合金适于塑性成形加工。

　　2. 奥氏体

　　碳溶于 γ-Fe 中形成的间隙固溶体称为奥氏体，以符号"A"表示。奥氏体的显微组织如图 1 - 12（b）所示，其晶粒在显微镜下为边界较平直的多边形特征。

γ - Fe 的溶碳能力较大，在 727 ℃ 时，碳的溶解度为 $w(C) = 0.77\%$，随着温度的升高，溶解度增大，到 1 248 ℃ 时达到最大（$w(C) = 2.11\%$），固溶强化效果较明显。奥氏体是存在于 727 ~ 1 493 ℃ 下的高温组织，强度、硬度较高（$\sigma_b = 400$ MPa，160 ~ 200 HBS），塑性、韧性很好（$\delta = 40\% \sim 50\%$），特别适宜进行压力加工。因此，大多数钢材在塑性成形加工时，要加热到高温奥氏体状态。

3. 渗碳体

铁与碳形成的金属化合物称为渗碳体，用符号 Fe_3C 表示。渗碳体 $w(C) = 6.69\%$，熔点为 1 227 ℃，不发生同素异构转变，具有复杂晶格结构（图 1 - 12（c）），硬度很高，约为 800 HBW（能轻易刻划玻璃），而塑性、韧性极差（$\delta \approx 0$，$A_K \approx 0$），不能单独使用。

2.2　$Fe - Fe_3C$ 相图

铁碳合金相图是人类经过长期生产实践以及大量科学试验后总结出来的，是研究钢和铸铁的基础，也是选择材料、制订热加工和热处理工艺的主要依据。铁和碳可以形成一系列化合物，考虑到工业上的实用价值，目前常用 $w(C) < 6.69\%$ 的铁碳合金，其相图如图 1 - 11 所示。在图 1 - 11 中，左上角部分的转变温度很高，实际应用很少，而且转变过程对随后的低温转变影响不大，因此，在一般的研究中，常将此部分省略简化。简化后的 $Fe - Fe_3C$ 相图如图 1 - 13 所示。

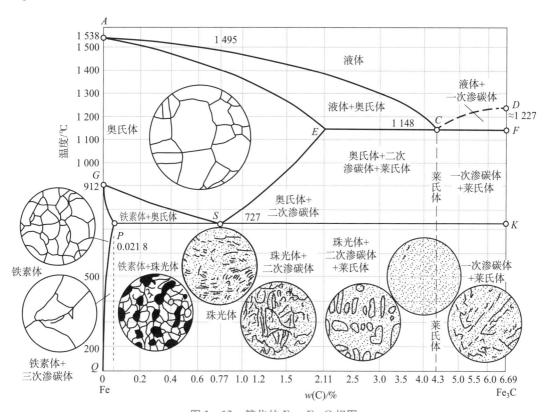

图 1 - 13　简化的 $Fe - Fe_3C$ 相图

1. 简化的 $Fe-Fe_3C$ 相图分析

(1) 特性点

相图中具有特殊意义的点称为特性点，简化 $Fe-Fe_3C$ 相图各特性点的温度、成分及其含义见表 1-1。

表 1-1　简化 $Fe-Fe_3C$ 相图各特性点的温度、成分及其含义

特性点	温度/℃	$w(C)/\%$	含义
A	1 538	0	熔点（结晶点）—纯铁的熔点
C	1 148	4.3	共晶点—发生共晶转变 $L_{4.3} \xrightarrow{1\ 148\ ℃} Ld\ (A_{0.77} + Fe_3C_{共晶})$
D	1 227	6.69	熔点—渗碳体的熔点
E	1 148	2.11	溶解度点—碳在 $\gamma-Fe$ 中的最大溶解度，分界点—碳钢与生铁的分界点
F	1 148	6.69	共晶渗碳体温度点
G	912	0	同素异构转变点—$\gamma-Fe \rightarrow \alpha-Fe$
S	727	0.77	共析点—$A_{0.77} \xrightarrow{727\ ℃} P\ (F_{0.218} + Fe_3C_{共析})$
K	727	6.69	共析渗碳体温度点
P	727	0.021 8	溶解度点—碳在 $\alpha-Fe$ 的中最大溶解度
Q	室温	0.000 8	溶解度点—室温下碳在 $\alpha-Fe$ 中的溶解度

在简化 $Fe-Fe_3C$ 相图的 10 个特性点中，有 3 个特别重要且具有特殊意义的点，即"C"点、"S"点和"E"点。

"C"点为共晶点，在该点具有由 C 点成分的液相在恒温（1 148 ℃）下同时生成两种不同成分固相组成机械混合物（$A + Fe_3C$）的转变，称为共晶转变。（$A + Fe_3C$）称为共晶莱氏体，用符号"Ld"表示。

共晶转变所获得的共晶体（$A + Fe_3C$）称为高温莱氏体，用符号"Ld"表示。高温莱氏体中的奥氏体在 727 ℃下将转变为珠光体，形成了珠光体和渗碳体均匀分布的复相组织，称为低温莱氏体，用符号"L'd"表示，如图 1-14 所示。莱氏体组织可以看成是在渗碳体的基础上分布着颗粒状的奥氏体（或珠光体）。低温莱氏体的性能与渗碳体的相似，硬度很高，塑性、韧性极差。

注意：Ld 和 L'd 均为机械混合物，并注意区分两者有何不同。

"S"点为共析点，该点将要发生由一个固相同时生成两个固相的转变，称为共析转变。将要发生转变的固相成分为共析点成分（$w(C) = 0.77\%$），转变温度为共析点温度（727 ℃），而转变出的固相分别为 F（$w(C) = 0.021\ 8\%$）和共析渗碳体（$w(C) = 6.69\%$），它们所组成的机械混合物（$F + Fe_3C$）称为珠光体，用符号"P"表示。

注意：珠光体是机械混合物，不是化合物。

图1-14　莱氏体显微组织

共析转变的产物称为珠光体，如图1-15所示。它是由铁素体与渗碳体组成的片层相间的机械混合物，力学性能介于铁素体和渗碳体之间，具有较高的强度和硬度（$\sigma_b \approx$ 770 MPa，180 HBS），具有一定塑性和韧性（$\delta = 20\% \sim 35\%$，$A_{KV} = 24 \sim 32$ J），是一种综合力学性能较好的组织。

图1-15　珠光体显微组织

（2）特性线

相图中各不同成分的合金中具有相同意义的临界点的连接线称为特性线。简化的Fe-Fe₃C相图中各特性线的符号、位置和意义介绍如下：

①AC线，为液相向奥氏体转变的开始线。$w(C) < 4.3\%$ 的铁碳合金在此线之上为均匀液相，冷却至该线时，液体中开始结晶出固相奥氏体，即L→A。

②CD线，为从液相结晶出渗碳体的开始线。$w(C) = 4.3\% \sim 6.69\%$ 的铁碳合金在此线之上为均匀液相，冷却至该线时，液体中开始结晶出渗碳体，称为一次渗碳体，用

"Fe_3C_I" 表示。即：$L \rightarrow Fe_3C_I$。ACD 线统称为液相线，在此线之上，合金全部处于液相状态，用符号"L"表示。

③AE 线，为液相向奥氏体转变的终了线。$w(C) < 2.11\%$ 的液体合金冷至此线，全部转变为单相奥氏体组织。

④ECF 水平线，为共晶线。碳质量分数 $w(C) = 2.11\% \sim 6.69\%$ 的液态合金冷至此线时，将在恒温（1 148 ℃）下发生共晶转变，形成高温莱氏体。$AECF$ 线统称为固相线，液体合金冷却此线全部结晶为固体，此线以下均为固相区。

⑤ES 线，又称 Acm 线，是碳在奥氏体中的溶解度变化曲线。1 148 ℃时，奥氏体溶碳量最大为 $w(C) = 2.11\%$，随着温度的降低，奥氏体的溶碳量逐渐减小，当温度降至 727 ℃ 时，溶碳量减小至 $w(C) = 0.77\%$。

⑥GS 线，又称 A3 线，是 $w(C) < 0.77\%$ 的铁碳合金在固态冷却时，奥氏体向铁素体转变的开始线。随着温度的下降，转变出的铁素体量不断增多，剩余奥氏体的碳质量分数不断升高。

⑦GP 线，奥氏体向铁素体转变的终了线。$w(C) < 0.021\ 8\%$ 的铁碳合金冷至此线时，奥氏体全部转变为单相铁素体组织。

⑧PSK 水平线，为共析线，又称 A1 线。$w(C) > 0.021\ 8\%$ 的铁碳合金中的奥氏体冷却至此线时，将在恒温下发生共析转变，生成珠光体组织。

⑨PQ 线，碳在铁素体中的溶解度曲线。727 ℃时，铁素体溶碳量最大为 0.021 8%，随着温度的降低，溶碳量不断减小，当温度降至室温时，溶碳量降至 0.000 8%。

（3）相区

由图 1-11 可以看出，全图中有 4 个单相图区：液相区（L）、奥氏体相区（A）、铁素体相区（F）和渗碳体相区（指 DFK 线）；5 个两相：L+A 区、L+Fe₃C_I 区、A+F 区、A+Fe₃C 和 F+Fe₃C 区。每个两相区都与相应的两个单相区相邻；两条三相共存线，即共晶线 ECF，L、A 和 Fe₃C 三相共存，以及共析线 PSK，A、F 和 Fe₃C 三相共存。

2. 相图中的合金分类

根据相图上 P、E 两点，可将铁碳合金分为工业纯铁、非合金钢和铸铁 3 类。其中，钢和铸铁又各分 3 种。因此，相图上共有 7 种典型合金，其各自的碳质量分数和室温组织见表 1-2。

表 1-2　相图上铁碳合金各自的碳质量分数和室温组织

分类	名称	碳质量分数/%	室温组织
工业纯铁	工业纯铁	<0.021 8	F
非合金钢	亚共析钢	0.021 8 ~ 0.77	F+P
	共析钢	0.77	P
	过共析钢	0.77 ~ 2.11	P+Fe₃C_II
白口铸铁	亚共晶白口铸铁	2.11 ~ 4.3	P+L'd+Fe₃C_II
	共晶白口铸铁	4.3	L'd
	过共晶白口铸铁	4.3 ~ 6.69	L'd+Fe₃C_I

2.3 钢的平衡结晶过程

1. 共析钢的结晶

图 1 – 16 所示合金 I 为共析钢（$w(C) = 0.77\%$），其结晶过程如图 1 – 17 所示。合金在 I 点以上为液体（L），当缓冷至稍低于 I 点温度时，开始从液体中结晶出奥氏体（A）。随着温度下降，奥氏体量不断增多，液体成分沿液相线变化，奥氏体成分沿固相线变化，到达 2 点时，液体全部结晶为奥氏体。在 2～3 点之间，合金组织不变。

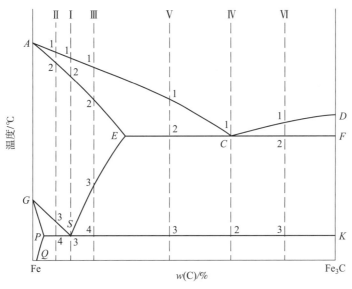

图 1 – 16 典型铁碳合金结晶过程分析

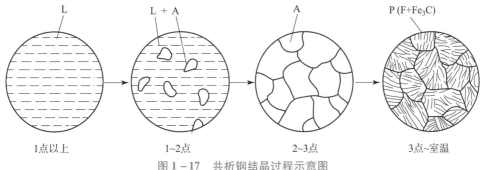

1点以上   1～2点   2～3点   3点～室温

图 1 – 17 共析钢结晶过程示意图

缓冷至 3 点时，奥氏体发生共析转变，生成珠光体（P）。温度继续下降，铁素体的碳质量分数沿溶解度曲线 PQ 改变，因此析出 Fe_3C_{III}，Fe_3C_{III} 常与共析渗碳体连在一起，不易分辨，而且数量极少，一般忽略不计。

2. 亚共析钢的结晶

在图 1 – 16 中，合金 II 为亚共析钢（$w(C) = 0.0218\% \sim 0.77\%$），其结晶过程如图 1 – 18 所示。合金在 I 点以上为液体，随温度降至 I 点时，开始结晶出奥氏体，冷至 2 点时，结晶终了。2~3 点区间合金为单一奥氏体相，当冷却到与 *GS* 线相交的 3 点时，奥氏体开始向铁素体转变，称为先共析转变，即在奥氏体的晶界上生成铁素体晶粒，并随温度降低，铁素体晶粒不断长大，转变出的铁素体称为先共析铁素体，其碳质量分数沿 *GP* 线逐渐增加，未转变奥氏体的碳质量分数沿 *GS* 线不断增加，待冷却至与共析线 *PSK* 相交的 4 点温度时，先共析铁素体的碳质量分数为 0.021 8%，而剩余奥氏体的碳质量分数正好达到共析成分（$w(C) = 0.77\%$），发生共析转变，全部转变为珠光体。随后温度继续下降，铁素体中析出 Fe_3C_{III}，同样忽略不计。故亚共析钢室温下的平衡组织为铁素体加珠光体。

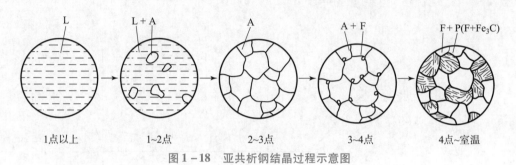

图 1-18　亚共析钢结晶过程示意图

3. 过共析钢的结晶

图 1-16 中合金 Ⅲ 为过共析钢（$w(C) = 0.77\% \sim 2.11\%$），其结晶过程如图 1-19 所示。

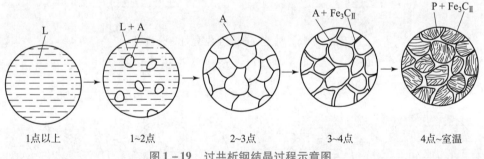

图 1-19　过共析钢结晶过程示意图

过共析钢在 1~3 点温度间的结晶与共析钢的相同。待冷却到与 *ES* 线相交的 3 点温度时，奥氏体中碳含量达到饱和，开始沿晶界析出渗碳体，称为二次渗碳体（或先共析渗碳体），用 Fe_3C_{II} 表示。随温度不断降低，析出的 Fe_3C_{II} 量不断增多，并呈网状分布于奥氏体晶界上。剩余奥氏体的碳质量分数沿 *ES* 线变化，待冷却到 4 点温度时，其碳质量分数刚好达到 0.77%（共析成分），于是发生共析转变，全部转变为珠光体。温度再继续下降时，合金组织基本不变。因此，过共析钢室温下的平衡组织为珠光体加网状二次渗碳体。

2.4　Fe-Fe₃C 相图的应用

Fe-Fe₃C 相图从客观上反映了钢铁材料的组织随成分和温度变化的规律，因此，在工程上为选材、用材及制订铸、锻、焊、热处理等热加工工艺提供了重要的理论依据，如图 1 – 20 所示。

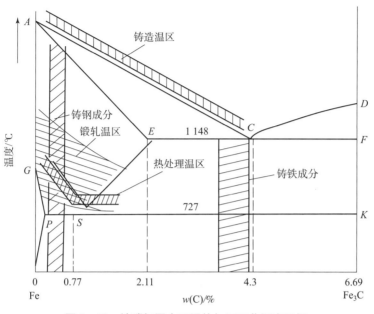

图 1 – 20 铁碳相图中不同热加工工艺温度区间

1. 在铸造生产上的应用

参照 Fe – Fe₃C 相图可以确定钢铁的浇注温度，通常浇注温度应在液相线以上 50 ~ 60 ℃为宜。在所有成分的合金中，以共晶成分的白口铸铁和纯铁铸造工艺性能最好。

2. 在锻压生产上的应用

钢在室温时组织为两相混合物，塑性较差，变形困难，只有将其加热到单相奥氏体状态，才具有较低的强度、较好的塑性和较小的变形抗力，易于锻压成形。因此，在进行锻压或热轧加工时，要把坯料加热到奥氏体状态。加热温度不宜过高，以免钢材氧化烧损严重，但变形的终止温度也不宜过低，过低的温度除了增加能量的消耗和设备的负担外，还会因塑性的降低而导致开裂。因此，各种碳钢较合适的锻轧加热温度范围是：变形开始温度为 1 150 ~ 1 200 ℃；变形终止温度为 750 ~ 850 ℃。

3. 在热处理生产上的应用

从 Fe – Fe₃C 相图可知，铁碳合金在固态加热或冷却过程中均有相的变化，因此钢和铸铁可以进行有相变的退火、正火、淬火和回火等热处理。此外，奥氏体有溶解碳及其他合金元素的能力，而且溶解度随温度的提高而增加，这就是钢可以进行渗碳和其他化学热处理的缘故。一般亚共析钢加热到 A₃ 以上 30 ~ 50 ℃，过共析钢加热到 A₁ 以上 30 ~ 50 ℃。

微课：钢在加热时的转变

知识点 3. 加热时的组织转变

阅读引导：了解加热温度的确定方法，重点理解奥氏体的形成过程，了解影响奥氏体形成速度及奥氏体晶粒大小的因素。

热处理之所以能够改变钢的结构与性能，其内在原因主要是钢中存在着一系列固态相变。任何钢件的热处理都包括加热、保温、冷却三个阶段。

加热是热处理的第一道工序，加热的目的主要是奥氏体化（钢加热至 A_{c3} 或 A_{c1} 以上，以全部或部分获得奥氏体组织的操作，称为奥氏体化）。钢进行奥氏体化的加热温度和保温时间分别称为奥氏体化温度和奥氏体化时间。

3.1　加热温度的确定

钢加热时的奥氏体化温度，一般需根据 $Fe-Fe_3C$ 相图来确定。实际生产中为了方便起见，常把 $Fe-$ Fe_3C 相图中钢部分的三条重要曲线分别赋予特定名称，即，PSK 线称为 A_1 线，GS 线称为 A_3 线，ES 线称为 A_{cm} 线。这三条温度线分别是钢在平衡条件下的固态相变点（金属或合金在加热冷却过程中发生相变的温度称为相变点或临界点），但一般条件下，钢加热到 A_1 时，其组织结构并不发生明显变化，只有当加热温度超过 A_1 点时，共析钢中珠光体才转变为奥氏体。冷却到 A_1 时，其组织结构也不发生明显变化，只有当温度低于 A_1 点时，共析钢中奥氏体才转变为珠光体。即都有不同程度的过热度或过冷度。因此，为与平衡条件下的相变点相区别，将加热时的相变点称为 A_{c1}、A_{c3}、A_{ccm}，冷却时的相变点称为 A_{r1}、A_{r3} 和 A_{rcm}，如图 1-21 所示。相变点是确定加热温度的重要依据，可在有关手册中查到。

思考：热处理与 $Fe-Fe_3C$ 相图有什么关系？

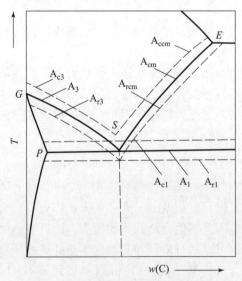

图 1-21　加热、冷却时的相变点

3.2 奥氏体化过程

钢在加热到 A_1 点以上时，都要发生珠光体向奥氏体的转变（即奥氏体化），下面以共析钢为例，分析奥氏体化过程。

共析钢加热到 A_{c1} 温度时，便发生奥氏体转变。转变过程遵从结晶的普遍规律。即形成晶核和晶核长大，如图 1-22 所示。

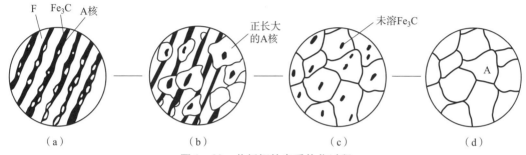

图 1-22 共析钢的奥氏体化过程

（a）界面形核；（b）奥氏体晶核长大；（c）未溶 Fe₃C 溶解；（d）奥氏体均匀化

由此可见，热处理加热后的奥氏体化时间，不仅为了使零件透热和相变完成，而且还为了获得成分均匀的奥氏体，以便冷却后获得良好的组织和性能。

> 思考：为了获得均匀的奥氏体，是不是奥氏体化时间越长越好？

亚共析钢和过共析钢的奥氏体形成过程与共析钢基本相似，不同之处在于亚共析钢、过共析钢需加热到 A_{c3} 或 A_{ccm} 以上时，才能获得单一的奥氏体组织，即完全奥氏体化。值得注意的是，实际生产中，钢的热处理并非都要求达到完全奥氏体化，而是根据热处理的目的，控制奥氏体形成的不同阶段（以达到冷却后获得不同的组织和性能）。

3.3 奥氏体的晶粒大小及影响因素

奥氏体的晶粒大小是评定钢加热质量的重要指标之一。奥氏体的晶粒大小对钢的冷却转变及转变产物的组织和性能都有重要的影响。一般来说，奥氏体晶粒越细小，钢热处理后的强度越高，塑性越好，冲击韧度越高。因此，需要了解奥氏体晶粒度的概念及影响奥氏体晶粒度的因素。

1. 奥氏体的晶粒度

奥氏体的晶粒大小用晶粒度表示。表示晶粒大小的理想方法是晶粒的平均体积、平均直径或单位体积内含有的晶粒数，但要测定这样的数据是很麻烦的。所以，目前世界各国对钢铁产品几乎统一使用与标准金相图片相比较的方法来确定晶粒度的级别。通常把晶粒度分为 8 级，各级晶粒度的晶粒大小如图 1-23 所示。通常 1~4 级为粗晶粒，5~8 级为细晶粒，8 级以外的晶粒称为超粗或超细晶粒。

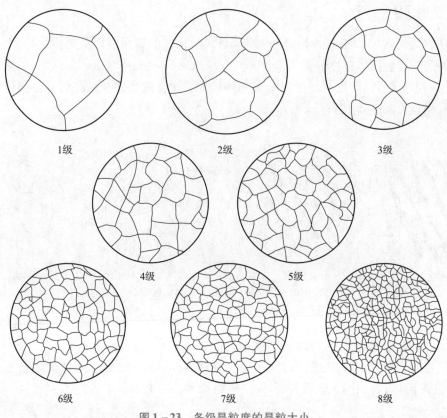

图 1 – 23   各级晶粒度的晶粒大小

2. 影响奥氏体晶粒长大的因素

奥氏体晶粒长大基本上是一个奥氏体晶界迁移的过程，其实质是原子在晶界附近的扩散过程。因此，一切影响原子扩散迁移的因素都能影响奥氏体晶粒长大。

3. 奥氏体晶粒大小对钢热处理后力学性能的影响

在实际生产中，奥氏体实际晶粒的大小对钢热处理冷却状态的组织与性能有很大影响。奥氏体晶粒均匀而细小，冷却后奥氏体转变产物的组织也均匀而细小，其强度、塑性、韧性都比较高，尤其对淬火回火钢的韧性具有决定性的影响。

由于加热温度过高或者加热时间过长，造成奥氏体晶粒过分粗大的现象称为过热。淬火组织中的过热，表现为粗大的马氏体，正火组织中的过热，往往形成魏氏组织，过热组织不仅使钢的力学性能下降，而且粗大的奥氏体晶粒在淬火时也容易引起工件产生较大的变形甚至开裂。因此，加热时总是希望得到均匀、细小的奥氏体晶粒，对某些高合金工具钢的晶粒大小更要严格控制。

微课：钢在
冷却时的转变

知识点 4. 冷却时的组织转变

阅读引导：了解冷奥氏体的两种转变方式，重点掌握奥氏体的等温转变（包括 C 曲线及其分析、3 种类型转变及其产物、影响 C 曲线的因素），了解奥氏体连续冷却转变及 CCT 图，学会用 C 曲线模拟连续冷却转变过程。

奥氏体化后，当采用不同的冷却速度时，将获得不同的组织和性能，所以，冷却过程是热处理的最关键环节。表 1-3 列出了 45 钢在同样奥氏体化条件下，采用不同冷却速度冷却时的力学性能数据。由表可见，相同成分的材料在相同的奥氏体化条件下，采用不同的冷却方法冷却时，力学性能差异显著。

表 1-3　45 钢经 840 ℃奥氏体化后，不同条件冷却时的力学性能数据

冷却方法	抗拉强度/MPa	屈服强度/MPa	延伸率/%	面缩率/%	洛氏硬度/HRC
随炉冷却	519	272	32.5	49	15~18
空气冷却	657	333	15~18	45~50	18~24
油中冷却	882	608	18~2	21~1	40~50
水中冷却	1078	706	7~8	4	52~60

当以极其缓慢的速度冷却时，奥氏体在 A₁ 线发生转变；但冷却速度较快时，奥氏体常需过冷到 A₁ 线以下，才能发生转变，在共析温度以下存在的奥氏体称为过冷奥氏体。过冷奥氏体有两种转变方式

思考：两种转变方式的区别。

（图 1-24）：一种是等温冷却转变，将奥氏体状态的钢迅速冷却至临界点以下某一温度保温一定时间，使奥氏体在该温度下发生组织转变，再冷至室温；另一种是连续冷却转变，将奥氏体状态的钢以一定速度冷至室温，使奥氏体在一个温度范围内发生连续转变。连续冷却是热处理中常见的冷却方式。

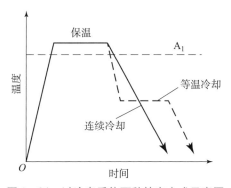

图 1-24　过冷奥氏体两种转变方式示意图

4.1　过冷奥氏体的等温转变

钢经奥氏体化后冷却到相变点以下的温度区间内等温保持时，过冷奥氏体发生的转变称为等温转变。

过冷奥氏体等温转变图是过冷奥氏体在不同温度等温保持时，温度、时间与转变产物的关系曲线图。其是研究等温转变规律的重要工具，一般通过试验方法测定，每一种钢都

有它的等温转变曲线图。完整的共析钢过冷奥氏体等温转变曲线如图 1−25 所示。曲线呈"C"字形，通常简称"C 曲线"，又称为 TTT 曲线（英文中时间、温度、转变三词字头）。

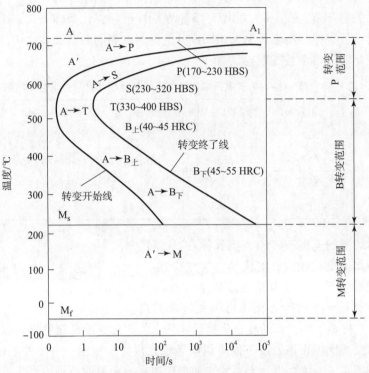

图 1−25　完整的共析钢过冷奥氏体等温转变曲线图

图中有：①两条曲线：左边的一条曲线为等温转变开始线，右边的一条曲线为等温转变终了线。转变开始线的左边是过冷奥氏体区，转变终了线的右边是转变产物区，两条曲线之间是转变区。②一个特征：即"鼻子尖"。C 曲线上最突出，距纵坐标最近的部分。"鼻尖"以上，随着温度升高，孕育期增长，过冷奥氏体稳定性增加；鼻尖以下，则随着温度降低，孕育期增长，过冷奥氏体稳定性增加；鼻尖处过冷奥氏体孕育期最短，最不稳定，最易分解，转变速度也最快。③3 种类型转变：高温珠光体型转变（$A_1 \sim 550\ ℃$ 之间）、中温贝氏体型转变（$550\ ℃ \sim M_s$）和低温马氏体型转变（M_s 以下）。其中，高温珠光体型转变和中温贝氏体型转变属于等温转变，而低温马氏体型转变则属于连续冷却转变。

4.2　过冷奥氏体的连续冷却转变

过冷奥氏体连续冷却转变曲线反映了在连续冷却条件下过冷奥氏体的转变规律，是分析转变产物的组织与性能的依据，也是制订热处理工艺的重要参考资料。

在不同冷速的连续冷却条件下，过冷奥氏体转变时，转变开始及转变终止的时间与转变温度之间的关系曲线如图 1−26 所示，称为共析钢过冷奥氏体连续冷却转变曲线图或 CCT 曲线。共析钢在连续冷却时，只发生珠光体和马氏体转变，不发生贝氏体转变，未转变的过冷奥氏体一直保留到 M_s 线以下转变为马氏体。

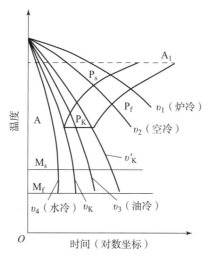

图 1-26 共析钢过冷奥氏体连续冷却转变曲线图

共析钢连续冷却转变曲线图中有三条特性线：P_s 线、P_f 线分别为过冷奥氏体向珠光体转变开始线和终止线；K 线为珠光体终止线，即过冷奥氏体冷却到 K 线时，不再发生珠光体型转变，剩余的奥氏体过冷到 M_s 点以下转变为马氏体。

由图可以看出，若过冷奥氏体以 v_1 速度冷却，当冷却曲线与珠光体转变线相交时，奥氏体便开始向珠光体转变，与珠光体转变终了线相交时，则奥氏体转变完了，得到100% 的珠光体。当冷却速度增大到 v'_K 时，也得到 100% 的珠光体，转变过程与 v_1 相同，但转变开始和转变终了的温度降低，转变温度区间增大，转变时间缩短，得到的珠光体组织弥散度加大。当冷却速度增大至 v_3 时（在 v_K 与 v'_K 之间），冷却曲线与珠光体转变开始线相交时，开始发生珠光体转变，但冷至转变终止线时，则珠光体转变停止（此时奥氏体未完全转变）

知识点 5. 退火

阅读引导：了解退火的目的、特点及其分类和应用。

1. 目的

消除偏析，均匀化学成分；降低材料硬度，以利于切削加工；消除各类应力，防止零件变形；细化晶粒，改善内部组织，为最终热处理做好准备。

注意：不是每个退火都有这些目的。

2. 工艺

退火是先将工件加热到适当温度，保持一定时间，然后缓慢冷却的热处理工艺。缓冷是退火的主要特点，一般是将工件随炉缓冷到低于 550 ℃时出炉空冷。对于要求内应力较小的工件，应随炉冷却到低于 350 ℃出炉空冷。

3. 分类

按加热温度的不同，退火工艺分为两大类：一类是加热至 A_{c1} 或 A_{c3} 以上的退火，也称相变重结晶退火，包括完全退火、不完全退火、等温退火、球化退火和扩散退火等。另一类是加热到 A_{c1} 以下的退火，也称低温退火，包括去应力退火和再结晶退火等。

知识点 6. 正火

阅读引导：了解正火的目的、特点及其应用。

1. 目的

消除网状碳化物，为球化退火作准备，细化组织，改善力学性能和切削加工性能。

2. 工艺

工件奥氏体化后，在空气中进行冷却的热处理工艺称为正火。在静止的空气中冷却至 A_{r1} 附近即转入炉中缓慢冷却的正火称为二段正火；采用强制吹风快冷到珠光体转变区的某一温度，并保温以获得球光体型组织，然后在空气中冷却的正火称为等温正火。

3. 组织与性能

正火后获得的组织是接近于平衡状态的组织，但因为冷却速度比较快，所以组织比较细小，强度、硬度也有所提高。

4. 用途

正火操作方便，成本较低，生产周期短，生产效率高。主要用于：改善低碳钢的切削加工性能、消除中碳钢热加工缺陷、消除过共析钢的网状碳化物，也可用于某些低温化学热处理件的预处理及某些结构钢的最终热处理。

知识点 7. 退火与正火的选择

阅读引导：了解退火及正火在生产中如何选择。

退火与正火属于同一类热处理，达到的目的也基本相同。在生产实际中，究竟选择退火还是正火，应从以下几个方面考虑：

1. 切削加工性能

金属的切削加工性能主要包括硬度、切削脆性、表面质量和对刀具的磨损等。材料的硬度一般在 170～230 HBS 范围内切削加工性能较好。故一般低碳非合金钢和中碳非合金钢多采用正火做预备热处理，以提高硬度而有利于切削加工；高碳非合金钢和工具钢则采用退火做预备热处理，以降低硬度而有利于切削加工；对于合金钢，因为合金元素的加入，使钢的硬度提高，所以，大多数情况下，中碳以上的合金结构钢要进行退火，以降低硬度；合金工具钢则要进行球化退火，以改善切削加工性能。

2. 使用性能

若对零件性能要求不太高，可采用正火做最终热处理；对于一些大型或重要零件，当淬火有开裂危险时，也要用正火作为最终热处理；对于一些形状复杂的零件和大型铸件，如果采用正火，可能会产生裂纹，此时应采用退火。另外，对返修件，在最终热处理前要进行退火。

微课：箱式
加热炉的操作

3. 经济性

由于正火比退火生产周期短、效率高、成本低、操作简便等，因此在可能的条件下应尽量以正火代替退火。

二、 工作任务

任务一：变速齿轮（20CrMnTi）的正火热处理

变速齿轮通常使用渗碳钢，渗碳钢的牌号构成为：含碳量＋合金元素符号及含量＋特殊字母符号，其含义举例如图 1-27 所示，实物如图 1-28 所示。

微课：齿轮的正火热处理

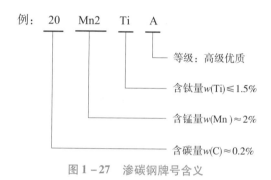

例： 20　Mn2　Ti　A

等级：高级优质

含钛量$w(Ti) \leqslant 1.5\%$

含锰量$w(Mn) \approx 2\%$

含碳量$w(C) \approx 0.2\%$

图 1-27　渗碳钢牌号含义

图 1-28　渗碳钢零件

常用渗碳钢的化学成分及热处理工艺见表 1-4。

表1-4　常用渗碳钢的化学成分及热处理工艺（GB/T 3077—1999）

类别	牌号	主要化学成分（质量分数）/%							热处理温度/℃		用途举例
		C	Mn	Si	Cr	Ni	V	其他	渗碳	预备处理	活塞销等
低淬透性	20Mn2	0.17~0.24	1.40~1.80	0.20~0.40					930	850~870	齿轮、小轴、活塞销等
	20Cr	0.17~0.24	0.50~0.80	0.20~0.40	0.70~1.0				930	880 水，油	齿轮、小轴、活塞销等，也用作锅炉、高压容器管道
	20MnV	0.17~0.24	1.30~1.60	0.20~0.40			0.07~0.12		930		齿轮、小轴顶杆、活塞销、耐热垫圈
	20CrV	0.17~0.24	0.5~0.8	0.20~0.40	0.80~1.10		0.10~0.20		930	880	齿轮、轴、蜗杆、活塞销、摩擦轮
中淬透性	20CrMn	0.17~0.24	0.90~1.20	0.20~0.40	0.90~1.20				930		汽车、拖拉机上的变速箱齿轮
	20CrMnTi	0.17~0.24	0.80~1.10	0.20~0.40	1.00~1.30			Ti0.06~0.12	930	830油	代20CrMnTi
	20Mn2TiB	0.17~0.24	1.50~1.80	0.20~0.40				Ti0.06~0.12 B0.001~0.004	930		代20CrMnTi
高淬透性	18Cr2Ni4WA	0.13~0.19	0.30~0.60	0.20~0.40	1.35~1.65	4.00~4.50		W0.80~1.20	930	950 空	代20CrMnTi
	20Cr2Ni4A	0.17~0.24	0.30~0.60	0.20~0.40	1.25~1.75	3.25~3.75			930	880油	大型渗碳齿轮、飞机齿轮
	15CrMn2SiMo	0.13~0.19	2.0~2.40	0.4~0.7	0.4~0.7			Mo0.4~0.5	930	880~920油	

（1）成分特点

渗碳钢的 $w(C) = 0.1\% \sim 0.25\%$，以保证淬火后零件心部有足够的塑性和韧性；加入能提高淬透性和阻止奥氏体长大的元素，以提高钢的韧性和强度，如 Cr、Ni、Mn、B、V、Ti、W、Mo 等。

（2）热处理特点

为改善渗碳钢毛坯的切削加工性，低、中淬透性的渗碳钢应在锻造后进行正火。锻后余热正火比常规正火处理更加理想，可以较大地减少反复加热带来的能源消耗，控制成本。同时，不受季节变化引起的环境温度改变对冷速的影响，可获得平衡的组织，硬度较低且均匀。不仅可以节约能源，还可以获得较好的显微组织和性能。

（3）工艺的制订

主要工作：根据资料和钢种相变点制订正火工艺，填写任务报告单，正火的加热温度通常在 A_{c3} 或 A_{cm} 线以上 30~50 ℃，如图 1-29 所示。

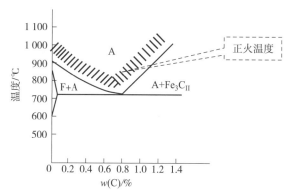

图 1-29　零件正火工艺的制订范围

使用设备：箱式电阻炉、钳子、劳保手套等。

保温时间：根据零件尺寸和特点确定。保温时间的经验公式：

$$\tau = KD \text{（单位为 min）}$$

式中，K 为加热系数，一般 $K = 1.5~2.0$ min/mm，若装炉量大，则可延长保温时间；D 为工件有效厚度，单位为 mm。

工作要求：遵照设备使用规程进行操作。学生动手完成任务，并记录在工作任务单中，教师对完成情况进行考核。

工作任务单

班级：	学号：	姓名：	组号：

1. 写出 20CrMnTi 中的牌号含义。

　　20：＿＿＿；Cr：＿＿＿；Mn：＿＿＿；Ti：＿＿＿。

2. 零件在冷却过程中采用＿＿＿＿＿＿＿＿（水冷、空冷、随炉冷）冷却方式，冷却至室温得到＿＿＿＿＿＿＿（马氏体、珠光体）组织。

3. 此次预备热处理的目的是什么？

4. 正确记录齿轮零件的预备热处理工艺。

续表

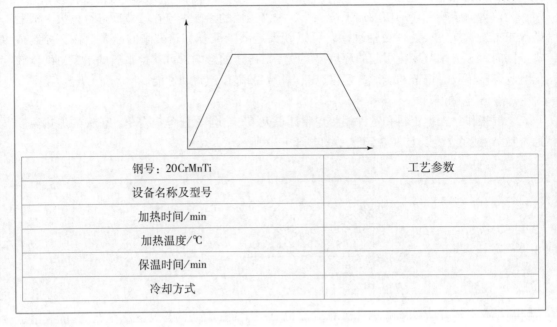

钢号：20CrMnTi	工艺参数
设备名称及型号	
加热时间/min	
加热温度/℃	
保温时间/min	
冷却方式	

考核评分表

评分内容	分值	评价标准	得分
素质评分	20	1. 阅读资料，理论知识具备（5分） 2. 服从安排，配合活动（5分） 3. 不迟到、不旷课（5分） 4. 节约成本与资源（5分）	
任务考核	60	1. 正确制订钢的正火工艺（10分） 2. 按照设备规程正确操作（20分） 3. 协助互动，解决难点（10分） 4. 爱护设备，组内协同（10分） 5. 产品质量符合要求（10分）	
任务工单	20	1. 规定时间内独立完成（满分） 2. 没有按时完成工单（扣10分） 3. 字迹不工整，工单不整洁（扣5分）	

任务二：轴承（GCr15）的退火热处理

常见的高碳铬轴承钢的牌号由 "G + Cr + 数字" 组成。其中，"G" 是 "滚" 字汉语拼音字首，"Cr" 是合金元素铬的符号，数字是以名义千分数表示的铬的质量分数。如：GCr15 表示 $w(Cr) \approx 1.5\%$ 的高碳铬轴承钢。如钢中含有其他合金元素，应依次在数字后面写出元素符号。如 GCr15SiMn 表示 $w(Cr) \approx 1.5\%$、$w(Si)$ 和 $w(Mn)$ 均小于 1.5% 的轴承钢。渗碳轴承钢的编号方法与合金结构钢的相似，只是在牌号前冠以字母 "G"，如 G20Cr2Ni4A。

微课：轴承钢的
球化退火

（1）成分特点

目前常用的高碳高铬轴承钢，其 $w(C) = 0.95\% \sim 1.15\%$，以获得高强度、硬度和高耐磨性；$w(Cr) = 0.4\% \sim 1.65\%$。制造大尺寸轴承时，可加 Si、Mn，以进一步提高其淬透性。

轴承钢对 P、S 的质量分数限制极严（$w(S) < 0.02\%$、$w(P) < 0.027\%$），因此，轴承钢是一种高级优质钢（但在牌号后不加"A"）。

（2）热处理特点

轴承钢的预备热处理是球化退火。目的一是降低硬度，以利于切削加工；二是获得均匀分布的细粒珠光体，为最终热处理做好组织准备。GCr15 的化学成分及热处理工艺见表 1 - 5。

表 1 - 5　GCr15 的化学成分及热处理工艺

牌号	主要化学成分（质量分数）/%				热处理温度/℃		
	C	Cr	Si	Mn	球化退火	淬火	回火
GCr15	0.95 ~ 1.05	1.30 ~ 1.65	0.15 ~ 0.35	0.20 ~ 0.40	760 ~ 780	820 ~ 840	150 ~ 160

（3）工艺的制订

主要工作：根据文献资料和轴承钢成分特点制订正火退火工艺，填写任务报告单。球化退火的加热温度通常在 A_{c1} 以上 30 ~ 50 ℃，如图 1 - 30 所示。

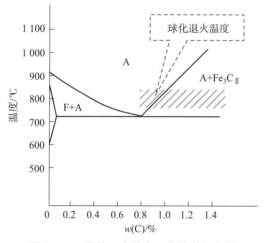

图 1 - 30　零件正火退火工艺的制订范围

使用设备：箱式电阻炉、钳子、劳保手套等。

保温时间：根据零件尺寸和特点确定。保温时间的经验公式：

$$\tau = KD \quad （单位为 min）$$

式中，K 为加热系数，一般 $K = 1.5 \sim 2.0$ min/mm，若装炉量大，则可延长保温时间；D 为工件有效厚度，单位为 mm。

工作要求：遵照设备使用规程进行操作。学生动手完成任务，并记录在工作任务单中，教师对完成情况进行考核。

退火发展历史：河南殷墟（图 1 - 31）出土的殷代金箔，经金相分析可知，是经过再结晶退火处理的，其目的是消除金箔冷锻硬化。1974 年，洛阳市出土的春秋末期战国初期的铁锛经过脱碳退火，使白口铸铁表面形成一层珠光体组织，以提高韧性。同时，出土的铁铲是经过柔化退火的可锻铸铁件。20 世纪 50 年代，山东薛城出土的西汉（公元前 206—公元 24）铁斧是铁素体基体的黑心可锻铸铁，当时柔化处理技术已有较大的提高。明代宋应星著《天工开物》（成书于 1634 年，刊印于 1637 年，如图 1 - 32 所示）有锉刀翻新工艺的记载，说明齿尖已磨损的旧锉刀，先退火再用錾子划齿。书中还记载了制针工艺中工序间消除内应力的退火。可见，我国退火工艺源远流长，体现了中华工匠先辈的智慧，我们既要传承好中华民族的精湛技艺，还要不断创新改进工艺技术。

图 1 - 31　殷墟遗址

图 1 - 32　明代宋应星著《天工开物》

◎ 工作任务单

班级：	学号：	姓名：	组号：

知识点：
1. 写出 GCr15 中的牌号含义。
　　G：____；Cr15：____。
2. 零件在冷却过程中采用_____（水冷、空冷、随炉冷）冷却方式，冷却至室温得到_____组织。
3. 此次预备热处理的目的是什么？

4. 正确记录轴承零件的预备热处理工艺。

续表

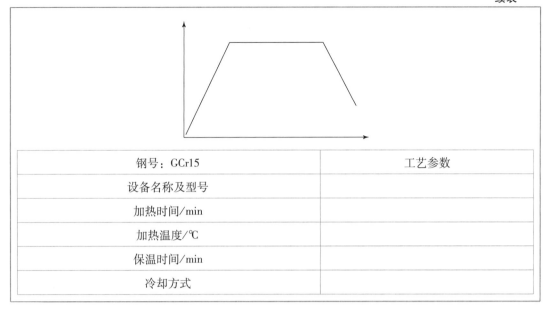

钢号：GCr15	工艺参数
设备名称及型号	
加热时间/min	
加热温度/℃	
保温时间/min	
冷却方式	

考核评分表

评分内容	分值	评价标准	得分
素质评分	20	1. 阅读资料，理论知识具备（5分） 2. 服从安排，配合活动（5分） 3. 不迟到、不旷课（5分） 4. 节约成本与资源（5分）	
任务考核	60	1. 正确制订钢的退火工艺（10分） 2. 按照设备规程正确操作（20分） 3. 协助互动，解决难点（10分） 4. 爱护设备，组内协同（10分） 5. 产品质量符合要求（10分）	
任务工单	20	1. 规定时间内独立完成（满分） 2. 没有按时完成工单（扣10分） 3. 字迹不工整，工单不整洁（扣5分）	

任务三：弹簧钢（60Si2Mn）的预备热处理

60Si2Mn 弹簧钢是应用广泛的硅锰弹簧钢，强度、弹性和淬透性较 55Si2Mn 的稍高。60Si2Mn 弹簧钢工业上制作承受较大负荷的扁形弹簧，适于厚度小于 10 mm 的板簧或线径在 30 mm 以下的螺旋弹簧，也适于制作工作温度在 250 ℃ 以下非腐蚀介质中的耐热弹簧，以及承受交变负荷和在高应力下工作的大型重要卷制弹簧及汽车减震系统等（图 1-33）。

微课：合金弹簧钢的完全退火

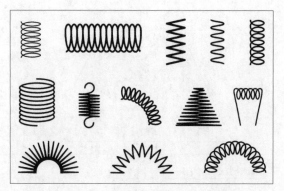

图 1-33　各类弹簧钢零件

（1）成分特点

合金弹簧钢中碳的质量分数 $w(C)=0.45\% \sim 0.7\%$，以保证得到高的疲劳强度和屈服点。主加合金元素是 Mn、Cr、Si 等，主要作用是强化铁素体，提高钢的淬透性、弹性极限及回火稳定性，使之回火后沿整个截面获得均匀的回火托氏体组织，具有较高的硬度和强度。

（2）热处理特点

弹簧钢的预备热处理是完全退火。目的是降低硬度，消除内应力，为后续塑性变形做准备。

（3）工艺的制订

主要工作：根据资料和钢种相变点制订退火工艺，填写任务报告单，退火的加热温度通常在 A_{c3} 以上 $20 \sim 30$ ℃，如图 1-34 所示。参考工艺为退火温度（860 ± 10）℃，保温 $45 \sim 60$ min，炉冷到（750 ± 10）℃，保温 $3 \sim 3.5$ h，在炉冷至 $650 \sim 660$ ℃以后，出炉堆冷或入保温坑缓冷。（针对不同的零件，要分析其成分、组织和使用性能的要求，确定正确的工艺参数，要做到严谨负责，一丝不苟。）

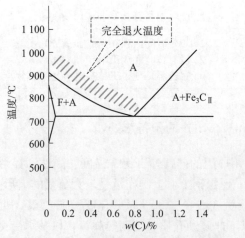

图 1-34　零件退火工艺的制订范围

使用设备：箱式电阻炉、钳子、劳保手套等。

保温时间：退火温度（860±10）℃，保温45~60 min，炉冷到（750±10）℃，保温3~3.5 h，在炉冷至650~660 ℃以后，出炉堆冷或入保温坑缓冷。

工作要求：遵照设备使用规程进行操作。学生动手完成任务，并记录在工作任务单中，教师对完成情况进行考核。

工作任务单

班级：	学号：	姓名：	组号：

知识点：

1. 写出 60Si2Mn 中的牌号含义。

　　60：____；Si2：____；Mn：____。

2. 零件在冷却过程中采用_____（水冷、空冷、随炉冷）冷却方式，冷却至室温得到____组织。

3. 此次预备热处理的目的是什么？

4. 正确记录弹簧零件的预备热处理工艺。

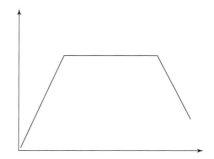

钢号：60Si2Mn	工艺参数
设备名称及型号	
加热时间/min	
加热温度/℃	
保温时间/min	
冷却方式	

考核评分表

评分内容	分值	评价标准	得分
素质评分	20	1. 阅读资料，理论知识具备（5分） 2. 服从安排，配合活动（5分） 3. 不迟到、不旷课（5分） 4. 节约成本与资源（5分）	

续表

评分内容	分值	评价标准	得分
任务考核	60	1. 正确制订钢的退火工艺（10分） 2. 按照设备规程正确操作（20分） 3. 协助互动，解决难点（10分） 4. 爱护设备，组内协同（10分） 5. 产品质量符合要求（10分）	
任务工单	20	1. 规定时间内独立完成（满分） 2. 没有按时完成工单（扣10分） 3. 字迹不工整，工单不整洁（扣5分）	

任务四：传动轴（40Cr）的预备热处理

40Cr 属于合金调质钢，是经调质处理后使用的合金钢，主要用于制造在重载荷作用下同时又受冲击载荷作用的一些重要零件，如机床主轴、汽车拖拉机的后桥半轴、柴油机发动机曲轴、连杆、高强度螺栓等。其实物举例如图 1-35 所示。

微课：合金调质钢的
预备热处理

图 1-35　40Cr 应用举例

（1）成分特点

合金调质钢中碳的质量分数一般为 $w(C) = 0.25\% \sim 0.5\%$，以 0.4% 居多。Mn、Si、Cr、Ni、B 的主要作用是增大钢的淬透性，获得高而均匀的综合力学性能，特别是高的屈强比，提高钢的强度；V 的主要作用是细化晶粒；Mo 和 W 的主要作用是减轻或抑制第二类回火脆性；Al 的主要作用是加速合金调质钢的氮化过程。

（2）热处理特点

锻造成形后，为消除锻造过程中产生的应力及不正常组织，需改善钢的切削加工性能，细化晶粒，为最终热处理做好准备。低淬透性调质钢，常采用正火；中淬透性调质钢，常采用退火；高淬透性调质钢，则采用正火后高温回火。综合考虑以上几个因素，对于40Cr 合金调质钢，建议选用正火工艺进行预备热处理（工艺的选用合理，既可节约成本，利于环保，也可以提升材料的性能）。其成分及热处理工艺见表 1-6。

表 1 - 6　合金调质钢（40Cr）的成分及热处理工艺（GB/T 3177—1999）

牌号	化学成分（质量分数)/%				热处理温度/℃		
	C	Si	Mn	Cr	正火	淬火	回火
40Cr	0.37 ~ 0.44	0.17 ~ 0.37	0.50 ~ 0.80	0.80 ~ 1.10	810 ~ 830	850	250

（3）工艺的制订

主要工作：根据资料和钢种相变点制订正火工艺，填写任务报告单，正火的加热温度通常在 A_{c3} 或 A_{cm} 线以上 30 ~ 50 ℃。

使用设备：箱式电阻炉、钳子、劳保手套等。

保温时间：根据零件尺寸和特点确定。保温时间的经验公式：

$$\tau = KD（单位为 min）$$

式中，K 为加热系数，一般 $K = 1.5 ~ 2.0$ min/mm，若装炉量大，则可延长保温时间；D 为工件有效厚度，单位为 mm。

工作要求：遵照设备使用规程进行操作。学生动手完成任务，并记录在工作任务单中，教师对完成情况进行考核。

◎ 工作任务单

班级：	学号：	姓名：	组号：

知识点：

1. 写出 40Cr 中的牌号含义。

　　40：＿＿＿；Cr：＿＿＿。

2. 零件在冷却过程中采用＿＿＿＿＿＿＿＿（水冷、空冷、随炉冷）冷却方式，冷却至室温得到＿＿＿＿＿＿组织。

3. 此次预备热处理的目的是什么？

4. 正确记录传动轴零件的预备热处理工艺。

钢号：40Cr	工艺参数
设备名称及型号	
加热时间/min	
加热温度/℃	
保温时间/min	
冷却方式	

◎ 考核评分表

评分内容	分值	评价标准	得分
素质评分	20	1. 阅读资料，理论知识具备（5分） 2. 服从安排，配合活动（5分） 3. 不迟到、不旷课（5分） 4. 节约成本与资源（5分）	
任务考核	60	1. 正确制订钢的热处理工艺（10分） 2. 按照设备规程正确操作（20分） 3. 协助互动，解决难点（10分） 4. 爱护设备，组内协同（10分） 5. 产品质量符合要求（10分）	
任务工单	20	1. 规定时间内独立完成（满分） 2. 没有按时完成工单（扣10分） 3. 字迹不工整，工单不整洁（扣5分）	

三、课后练习

（一）填空题

1. 钢加热时，奥氏体的形成分为三个阶段，依次为_____，_____，_____。

2. 金属中常见的三种晶格类型是_____、_____、_____。

3. 珠光体、索氏体、托氏体相同点是_____，不同点是_____。

4. 固溶体按溶质原子在晶格中的位置，分为_____、_____。

5. 过冷奥氏体按照冷却形式，可以分为_____、_____。

（二）选择题

1. 完全退火主要适用于（　　）。

A. 亚共析钢　　　　B. 共析钢　　　　　C. 过共析钢

2. 球化退火一般适用于（　　）。

A. 高碳钢　　　　B. 中碳钢　　　　　C. 低碳钢

3. 用（　　）才能消除低合金刃具钢中存在的较严重的网状碳化物。

A. 球化退火　　　B. 完全退火　　　　C. 正火

4. 正火工件出炉后，可以堆积在（　　）空冷。

A. 潮湿处　　　　B. 干燥处　　　　　C. 阴冷处

5. 过共析钢正火的目的是（　　）。

A. 提高硬度，便于切削加工

B. 细化晶粒，为最终热处理做组织准备

C. 消除网状二次渗碳体

D. 消除残余内应力，防止发生变形或开裂

6. 晶格中某个原子脱离了平衡位置，形成空结点，称为（　　　）。

A. 空间　　　　　　B. 空位　　　　　　C. 缺位　　　　　　D. 错位

7. 若溶质原子分布于溶剂晶格各结点之间的空隙中，所形成的固溶体称为（　　　）固溶体。

A. 置换　　　　　　B. 间隙　　　　　　C. 化合物　　　　　D. 以上都不是

8. 根据（　　　）的不同，钢又分为亚共析钢、共析钢和过共析钢。

A. 重量　　　　　　B. 体积　　　　　　C. 室温组织　　　　D. 加热温度

9. 热处理加热的主要目的就是得到（　　　）。

A. 铁素体　　　　　B. 渗碳体　　　　　C. 马氏体　　　　　D. 奥氏体

（三）判断题

1. 在去应力退火过程中，钢的组织不发生变化。　　　　　　　　　　　　（　　　）

2. 正火工件出炉后，可以堆积在潮湿处空冷。　　　　　　　　　　　　　（　　　）

3. 高碳钢可用正火代替退火，以改善其切削加工性。　　　　　　　　　　（　　　）

4. 在切削加工前，预先进行热处理，一般来说，低碳钢采用正火，而高碳钢及合金钢正火硬度太高，必须采用退火。　　　　　　　　　　　　　　　　　　（　　　）

（四）简答题

1. 何为奥氏体？分别写出它们的符号及性能特点。

2. 何为钢的退火？目的是什么？具体分类有哪些？

3. 何为钢的正火？目的是什么？

项目二 零件的最终热处理

学习目标

1. 知识目标

掌握淬火工艺的基本概念、工艺目的和应用范围；了解淬火工艺后的金相组织；掌握回火工艺的基本概念、工艺目的和应用范围；了解回火工艺后的金相组织；掌握钢的淬透性概念及马氏体转变特征；掌握合金弹簧钢、滚动轴承钢、合金调质钢等合金钢的淬火 + 回火热处理工艺。

2. 能力目标

可根据要求为零件选择合理的淬火、回火工艺并进行操作；能根据零件的合金成分及性能要求正确选用最终热处理工艺。

3. 素质目标

形成遵守设备安全操作规程的习惯；树立严控工艺参数，保证工件加工精度的岗位素养，树立"质量强国"的理念；树立关键岗位的责任感，节约生产成本，做到对自己负责，对企业负责，对用户负责；懂得"材经淬砺，料化锐锋"的人生哲理。

在电视节目中，应该看到过古代刀剑在锻打后会放入液体中进行冷却，这个工艺就是我们俗称的蘸火。那么，为什么要进行这样一种操作呢？对于刀剑有什么作用呢？学完本项目，我们就会明白是怎么回事了。

项目一中根据零件各自的加工工艺需要，对其进行了不同的预备热处理，消除了在热加工过程中产生的加工缺陷。但零件在后续的精加工后，还要进一步进行热处理来保证工件的综合性能，才能承受不同的载荷和外应力。这个热处理就是本项目要掌握的知识，称为零件的最终热处理。

本项目主要完成以下学习任务：

任务一：传动轴（40Cr）的最终热处理

任务二：弹簧钢（60Si2Mn）的最终热处理

任务三：轴承（GCr15）的最终热处理

任务四：变速齿轮（20CrMnTi）的最终热处理

知识准备

知识点1. 淬火

阅读引导：了解淬火的概念、目的、特点，理解淬火温度的选择，了解常用淬火介质的特点及淬火冷却方式，理解淬透性、淬硬性的概念及其区别，了解淬火常见缺陷。

工件奥氏体化后，以适当方式快速冷却，以获得马氏体或（和）贝氏体组织的热处理，称为淬火。最常见的有水冷淬火、油冷淬火、空冷淬火等。快速冷却是淬火的主要特点，一般情况下，淬火的冷却速度均大于正火和退火。

1.1 加热温度的确定

选择淬火加热温度的依据是钢的临界点，如图2－1所示，其一般原则如下：亚共析钢：$A_{c3} + 30 \sim 50 \, ℃$；共析钢、过共析钢：$A_{c1} + 30 \sim 50 \, ℃$。

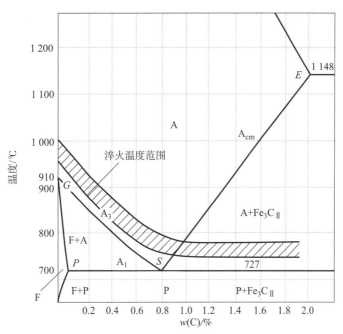

图2－1　非合金钢的淬火加热温度范围

如果将亚共析钢的加热温度选在$A_{c1} \sim A_{c3}$之间，淬火后获得铁素体和马氏体组织，那么硬度达不到要求；若加热温度过高，奥氏体晶粒粗化，淬火后得到粗大针片马氏体，则钢的强度下降脆性增加。

共析钢和过共析钢加热温度选在$A_{c1} \sim A_{cm}$之间，因为是不完全奥氏体，所以淬火后获得细小马氏体、未溶的粒状渗碳体和少量的残余奥氏体。这种组织不但具有高的强度、硬度和耐磨性，而且韧性也较好。若加热到A_{cm}以上进行完全奥氏体化淬火，因渗碳体完全溶解，提高了奥氏体的碳质量分数，使 M_s 点下降，淬火后残余奥氏体量增多，结果反而使硬度降低。同时，由于奥氏体化温度过高，奥氏体晶粒易长大，淬火后得到粗大针片马氏体，其脆性增加，并产生淬火内应力，促使工件变形或开裂。

思考：加热温度是如何选择的？

对于合金钢来讲，由于大多数合金元素（除锰、磷外）都阻碍奥氏体晶粒长大，因此，它们的淬火温度允许比碳钢提高一些，这样可使合金元素充分溶解和均匀化，以便获得较好的淬火效果。各种钢的淬火温度可查阅热处理等相关手册。

1.2　奥氏体化（保温）时间

奥氏体化时间既要保证零件的表面和心部都达到指定的奥氏体化温度，又要保证组织转变充分进行和化学成分扩散均匀。若奥氏体化时间过长，则奥氏体晶粒粗化，并增加零件氧化和脱碳倾向，延长生产周期，降低生产率，提高生产成本。更重要的是，导致零件的力学性能变坏，产品质量下降；若奥氏体化时间过短，则将使组织转变不充分，成分扩散不均匀，淬火回火后得不到所需的力学性能。因此，选择适当的奥氏体化时间，对保证零件淬火质量和提高生产率是很重要的。

由于影响奥氏体化时间的因素很多，如工件的材料、形状和尺寸、加热介质、加热温度、加热方式、装炉方式、装炉量等，因此，目前尚无准确的理论计算方法，大多采用经验公式进行估算。必要时应通过试淬来确定合适的奥氏体化时间。在实际操作中，通常先把加热炉炉温升到所选定的加热温度，再将工件装入，此时炉温略有下降，待炉温重新升到规定的加热温度时，开始计算奥氏体化时间。

$$\tau = \alpha K D$$

式中，τ 为奥氏体化时间（min）；α 为加热系数（min/mm），见表 2 - 1；K 为工件装炉修正系数，一般为 1，密集堆放时取 2；D 为工件奥氏体化有效厚度（mm），如图 2 - 2 所示。

表 2 - 1　钢的加热系数

钢铁材料	钢件直径/mm	加热系数 $\alpha/(\mathrm{min} \cdot \mathrm{mm}^{-1})$	
		空气炉加热 <900 ℃	盐浴炉加热 750 ~ 850 ℃
碳钢	≤50	1.0 ~ 1.2	0.3 ~ 0.4
	>50	1.2 ~ 1.5	0.4 ~ 0.5
低合金钢	≤50	1.2 ~ 1.5	0.45 ~ 0.5
	>50	1.5 ~ 1.8	0.5 ~ 0.55

1.3　淬火介质

冷却是决定淬火质量的关键，冷却速度应控制适当。理想的淬火冷却速度曲线如图 2 - 3 所示，在 650 ℃ 以上时，由于过冷奥氏体稳定性较好，因此冷却速度可慢一些，以便减小零件内外温差引起的热应力。

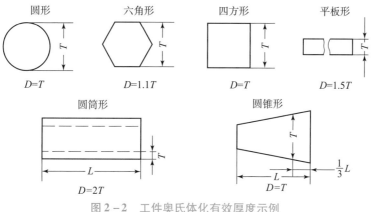

图 2-2　工件奥氏体化有效厚度示例

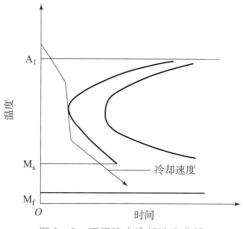

图 2-3　理想淬火冷却速度曲线

在 650~550 ℃时，由于过冷奥氏体很不稳定，所以在此温度范围内要快速冷却，使之大于工件的临界冷却速度；在 300~200 ℃时，过冷奥氏体稳定性增加，并进入马氏体转变区，希望能够缓慢冷却，以减小工件的内外温差，使马氏转变能够同时进行，减小组织应力。另外，在低温转变时，由于工件的塑性减小，特别容易引起工件的开裂。

但是到目前为止，生产实际中还没有一种淬火冷却介质能够完全符合理想的冷却速度。常用的淬火冷却介质有水、盐或碱的水溶液和油等。

1.4　冷却方式

为了弥补常用冷却介质冷却特性不理想的不足，生产中常采用适当的冷却方式，使工件淬火冷却后，既能获得所需组织，又能减小应力，还能减小变形开裂。

思考：常用淬火冷却方式和理想淬火冷却曲线的区别。

1. 单介质淬火

将奥氏体工件投入某一种冷却介质（水、油或空气）中冷却，如图 2-4（a）所示，主要有水冷淬火、油冷淬火、空冷淬火等。单介质淬火操作简便，易于实现机械化和自动化。但也有不足，即易出现淬火缺陷。

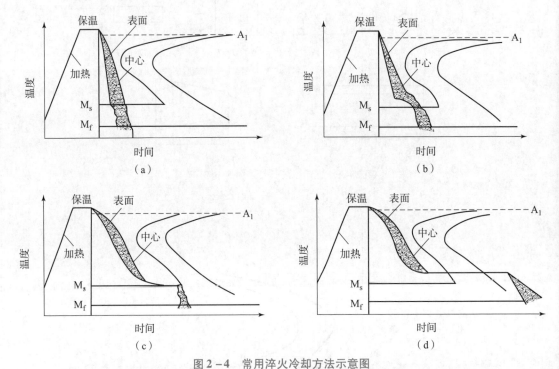

图 2 - 4　常用淬火冷却方法示意图
(a) 单介质淬火；(b) 双介质淬火；(c) 马氏体分级淬火；(d) 贝氏体等温淬火

2. 双介质淬火（双液淬火）

如图 2 - 4 (b) 所示，工件奥氏体化后，先浸入冷却能力强的介质，在即将发生马氏体转变时，立即转入冷却能力弱的介质中冷却。如先水后油、先水后空气等。双介质淬火可使低温转变时的内应力减小，从而有效防止工件的变形与开裂。能否准确地控制工件从第一种介质转入第二种介质时的温度，是双介质淬火的关键，需要一定的实践经验。

3. 马氏体分级淬火

如图 2 - 4 (c) 所示，工件加热奥氏体化后，浸入温度稍高或稍低于 M_s 点的碱浴或盐浴中保持适当时间，在工件整体达到介质温度后取出空冷，以获得马氏体组织的淬火。有时也称为分级淬火。

4. 贝氏体等温淬火

如图 2 - 4 (d) 所示，工件加热奥氏体化后，快冷到贝氏体转变温度区间（260～400 ℃的盐浴）等温保持，使奥氏体转变为贝氏体。有时也称为等温淬火。等温淬火不但产生的淬火应力和变形极小，而且具备良好的综合力学性能。常用于处理形状复杂、尺寸要求精确，并且硬度和韧性都要求较高的工件，如各种冷热冲模、成型刃具和弹簧等。

1.5 常见淬火缺陷

1. 淬火工件的过热与过烧

淬火加热温度过高或保温时间过长，晶粒过分粗大，以致钢的性能显著降低的现象称为过热。工件过热后，可通过正火细化晶粒予以补救。工件过烧后无法补救，只能报废。防止过热和过烧的主要措施是正确选择和控制淬火加热温度与保温时间。

2. 变形和开裂

工件淬火冷却时，由于各部分存在着温度的差异，而且组织转变也不能同时进行，所以将会形成内应力，称为淬火冷却应力。当淬火应力超过钢的屈服点时，工件将变形；当淬火应力超过钢的抗拉强度时，工件将产生裂纹，从而造成废品。

为防止淬火变形和裂纹，需从零件结构设计、材料选择、加工工艺流程、热处理工艺等各方面全面考虑，尽量减小淬火应力，并在淬火后及时进行回火处理。

3. 氧化与脱碳

工件加热时，介质中的氧气、二氧化碳和水等与金属反应生成氧化物的过程称为氧化。加热时，由于气体介质和钢铁表层碳的作用，使表层碳质量分数降低的现象称为脱碳。氧化脱碳使工件表面质量降低，淬火后硬度不均匀或偏低。防止氧化脱碳的主要措施是采用保护气氛或可控气氛加热，也可在工件表面涂上防氧化剂。

4. 硬度不足与软点

钢件淬火硬化后，表面硬度低于应有的硬度，称为硬度不足；表面硬度偏低的局部小区域称为软点。引起硬度不足和软点的主要原因有淬火加热温度偏低、保温时间不足、淬火冷却速度不够、表面氧化脱碳等。

知识点 2. 淬透性与淬硬性

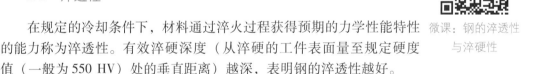

微课：钢的淬透性
与淬硬性

2.1 淬透性

在规定的冷却条件下，材料通过淬火过程获得预期的力学性能特性的能力称为淬透性。有效淬硬深度（从淬硬的工件表面量至规定硬度值（一般为 550 HV）处的垂直距离）越深，表明钢的淬透性越好。

钢的淬透性大小常用临界淬透直径表示，它是一种很直观的衡量淬透性的方法。是指钢材在某种介质中淬火后，心部获得全部马氏体或 50% 马氏体的最大直径，以 D_c 表示。钢的临界淬透直径越大，表示钢的淬透性越高。但淬火介质不同时，钢的临界淬透直径也不同，同一成分的钢在水中淬火时的临界淬透直径大于在油中的临界淬透直径，如图 2-5 所示。部分常用钢材的临界淬透直径见表 2-2。

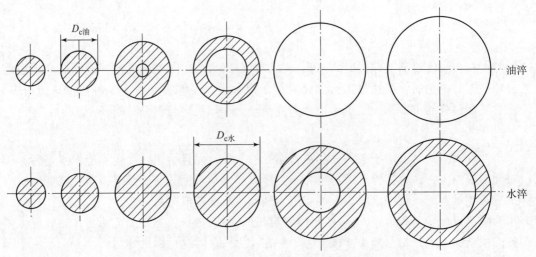

图 2-5　不同直径的 45 钢在油中及水中淬火时的淬硬层深度

表 2-2　部分常用钢材的临界淬透直径

钢号	水冷/mm	油冷/mm	心部组织(体积分数)/%
45	10 ~ 18	6 ~ 8	M50
60	20 ~ 25	9 ~ 15	M50
40CR	20 ~ 36	12 ~ 24	M50
20CrMnTi	32 ~ 50	12 ~ 20	M50
T8 ~ T12	15 ~ 18	5 ~ 7	M95
GCr15	—	30 ~ 35	M95
9SiCr	—	40 ~ 50	M95
Cr12	—	200	M90

2.2　淬硬性

以钢在理想条件下淬火所能达到的最高硬度来表征的材料特性称为淬硬性。钢的淬硬性主要取决于碳的质量分数,合金元素对淬硬性影响不大,如图 2-6 所示。在生产中,实际淬火钢的硬度往往比马氏体的硬度低,这是因为实际淬火钢一般不容易全部得到马氏体组织,常有少量硬度很低的残余奥氏体。

知识点 3. 回火

阅读引导:了解回火的用途、分类及回火的产物,了解回火脆性及其消除方法。

淬火后的工件应及时回火。回火是指工件淬硬后加热到 A_{c1} 以下的某一温度,先保温一定时间,然后冷却到室温的热处理。

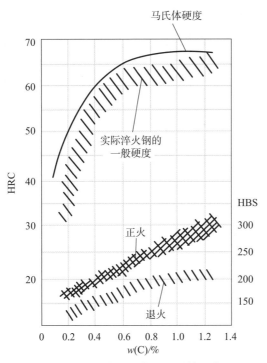

图 2-6　非合金钢热处理后的硬度

3.1　回火的目的

消除或减小内应力，稳定工件尺寸，防止变形与开裂，减小脆性，调整硬度，获得所需的组织和性能。

> 提示：回火主要是为了消除淬火缺陷。

3.2　回火时组织与性能的变化

淬火后的马氏体和残余奥氏体都是不稳定的组织，具有自发向稳定状态转变的倾向。随着回火温度的升高，组织转变将分四个阶段进行。

3.3　回火的种类及其应用

> 注意：区别三种回火的最终组织及性能。

1. 低温回火

淬火工件在 250 ℃以下回火称为低温回火，回火组织为回火马氏体（$M_回$），如图 2-7（a）所示。其性能特点是保持马氏体的高硬度和耐磨性，但内应力和脆性有所降低。低温回火主要用于各种工具、滚动轴承、渗碳件和表面淬火件。

2. 中温回火

中温回火是指淬火工件在 250~500 ℃的回火，回火组织主要是回火托氏体（$T_回$），如图 2-7（b）所示。具有较高的弹性极限和屈服强度、一定的韧性和硬度。中温回火主

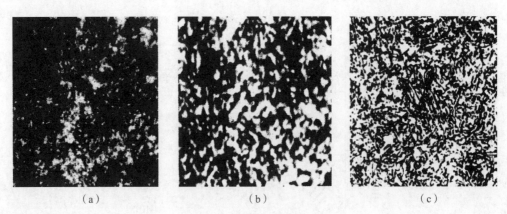

图 2 - 7　回火显微组织

(a) 回火马氏体；(b) 回火托氏体；(c) 回火索氏体

要用于各种弹簧和模具等。

3. 高温回火

高温回火是指淬火工件在高于 500 ℃ 的回火，回火后组织为回火索氏体（$S_{回}$），如图 2 - 7（c）所示。工件淬火及高温回火热处理的工艺称为调质。调质后的工件具有强度、硬度、塑性和韧性都较好的综合力学性能，广泛用于汽车、拖拉机、机床等机械中的重要结构零件，如各种轴、齿轮、连杆、高强度螺栓等。

3.4　回火脆性

随着回火温度的提高，钢的冲击韧度在 250~400 ℃ 和 500~600 ℃ 两个回火温度区出现明显的下降。这种随回火温度提高而冲击韧度下降的现象称为钢的回火脆性。

1. 低温回火脆性

这类回火脆性发生在 250~400 ℃ 之间，也称第一类回火脆性。几乎所有的钢都产生低温回火脆性。不在该回火温度区间回火（弹簧钢除外）或使用含 Si 的钢将脆化温度推向高温，可防止低温回火脆性产生。

2. 高温回火脆性

这类回火脆性发生在 500~600 ℃ 之间，也称第二类回火脆性。生产中可通过回火后快冷（水冷或油冷）或选用 Mo、W 等元素的钢，阻止杂质元素扩散，削弱杂质元素在晶界处的偏聚等措施予以消除。

知识点 4. 马氏体转变

当奥氏体被迅速过冷至 M_s 以下时，铁、碳原子都已失去了扩散的能力，由于过冷度较大且相变驱动力使面心立方的奥氏体转变为体心立方的马氏体，并保持原奥氏体的成分，因此过饱和度很大，致使 α - Fe 的晶格被歪曲成体心正方结构。这种转变属于非扩散型转变，转变产物马氏体（M）的组织形态如图 2 - 8 所示。

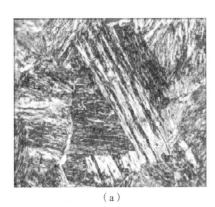

（a） （b）

图2-8 低温转变的马氏体组织形态

（a）板条马氏体；（b）针片马氏体

4.1 马氏体转变的基本特点

马氏体的转变是一个形核和长大的过程，但与一般的转变相比，又有着许多独特之处。

①马氏体转变是在一定温度范围内进行的。在奥氏体的连续冷却过程中，冷却至 M_s 点时，奥氏体开始向马氏体转变，M_s 点称为上马氏体点；在以后继续冷却时，马氏体的数量随温度的下降而不断增多，若中途停止冷却，则奥氏体也停止向马氏体转变；冷却至 M_f 点时，马氏体转变终止，M_f 点称为下马氏体点。

②马氏体转变是一个非扩散型的转变。马氏体转变时没有原子的扩散，马氏体的碳质量分数就是原奥氏体的碳质量分数。

③马氏体的转变速度极快，其长大速度接近于声速。

④马氏体转变具有不完全性。马氏体转变不能完全进行到底，即使过冷到 M_f 点以下，仍有少量奥氏体存在，这些残存的奥氏体称为残余奥氏体。

4.2 马氏体的组织形态

马氏体的组织形态因其成分和形成条件而异，最常见的为板条马氏体和针片马氏体两种。

1. 板条马氏体

由一束束平行的长条状晶体组成，其单个晶体的立体形态为板条状。在光学显微镜下观察，看到的只是边缘不规则的块状，故也称为块状马氏体，如图2-8（a）所示。这种马氏体主要产生于低、中碳钢的淬火组织中。

> 思考：板条马氏体和针片马氏体的区别。

2. 针片马氏体

针片状马氏体由互成一定角度的针状晶体组成，其单个晶体的立体形态呈双凸透镜状，因每个马氏体的厚度与径向尺寸相比很小，所以粗略地说是片状。又因为在金相磨面上观察到的通常都是与马氏体片成一定角度的针状截面，故也称为针状马氏体，如图2-8（b）所示。这种马氏体主要产生于高碳钢的淬火组织中。

4.3　马氏体的力学性能

1. 马氏体的硬度和强度

钢中马氏体力学性能的显著特点是具有高硬度和高强度。马氏体的硬度主要取决于碳质量分数，如图 2 - 9 所示，马氏体的硬度随含碳质量分数的增加而升高。合金元素虽然对马氏体的硬度影响不大，但可以提高其强度。

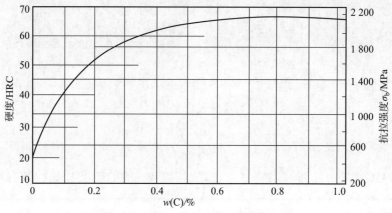

图 2 - 9　马氏体的硬度与碳质量分数的关系

2. 马氏体的塑性和韧性

马氏体的塑性和韧性主要取决于马氏体的亚结构。针片马氏体具有高强度、高硬度，但韧性很差，其特点是硬而脆。在具有相同屈服强度的条件下，板条马氏体比针片马氏体的韧性好得多，即在具有较高强度、硬度的同时，还具有相当高的塑性和韧性。

综上所述，马氏体的力学性能主要取决于碳质量分数、组织形态和内部亚结构。板条马氏体具有优良的强韧性，针片马氏体的硬度高，但塑性、韧性很差。通过热处理可以改变马氏体的形态，增加板条马氏体的相对数量，从而可显著提高钢的强韧性，这是一条充分发挥钢材潜力的有效途径。

微课：箱式加热炉
操作流程

零件的淬火 +
高温回火

二、　工作任务

任务一：传动轴（40Cr）的最终热处理

（1）工艺特点

40Cr 是我国 GB 的标准钢号，40Cr 钢是机械制造业使用最广泛的钢之一。调质处理后，具有良好的综合力学性能、良好的低温冲击韧性和低的缺口敏感性。钢的淬透性良好，水淬时可淬透到 $\phi28 \sim 60$ mm，油淬时可淬透到 $\phi15 \sim 40$ mm。常用调度钢的成分及热处理工艺见表 2 - 3。

表 2 - 3 常用调质钢的成分及热处理工艺（GB/T 3177—1999）

类别	牌号	化学成分(质量分数)/%							热处理温度/℃		用途举例
		C	Si	Mn	Mo	W	Cr	Ni	淬火	回火	
低淬透性	45	0.42 ~ 0.50	0.17 ~ 0.37	0.50 ~ 0.80					830 ~ 840	580 ~ 640	主轴、曲轴、齿轮
	40Cr	0.37 ~ 0.44	0.17 ~ 0.37	0.50 ~ 0.80			0.80 ~ 1.10		850	250	轴类、连杆、螺栓、重要齿轮等
	40MnB	0.37 ~ 0.44	0.17 ~ 0.37	1.10 ~ 1.40					850	500	主轴、曲轴、齿轮
	40MnVB	0.37 ~ 0.44	0.17 ~ 0.37	1.10 ~ 1.40					850	520	可代替 40Cr 及部分代替 40CrNi 做重要零件
	38CrSi	0.35 ~ 0.43	1.00 ~ 1.30	0.30 ~ 0.60			1.30 ~ 1.60		900	600	大载荷轴类、车辆上的调质件
中淬透性	30CrMnSi	0.27 ~ 0.34	0.90 ~ 1.20	0.80 ~ 1.10			0.80 ~ 1.10		880	520	高速载荷轴类，内、外摩擦片等
	35CrMo	0.32 ~ 0.40	0.17 ~ 0.37	0.40 ~ 0.70	0.15 ~ 0.25		0.80 ~ 1.10		850	550	重要调质件、曲轴、连杆、大截面轴等
	38CrMoAl	0.35 ~ 0.42	0.20 ~ 0.45	0.30 ~ 0.60	0.15 ~ 0.25				940	640	渗氮零件、镗杆、缸套等
	37CrNi3	0.34 ~ 0.41	0.17 ~ 0.37	0.30 ~ 0.60			1.20 ~ 1.60	3.00 ~ 3.50	820	500	大截面并需高强度、高韧性零件
高淬透性	40CrMnMo	0.37 ~ 0.45	0.17 ~ 0.37	0.90 ~ 1.20	0.20 ~ 0.30		0.90 ~ 1.20		850	600	相当于 40CrNiMo 高级调质钢
	25Cr2Ni4WA	0.21 ~ 0.28	0.17 ~ 0.37	0.30 ~ 060		0.80 ~ 1.20	1.35 ~ 1.65	4.00 ~ 4.50	850	550	力学性能要求高的大截面零件
	40CrNiMoA	0.37 ~ 0.44	0.17 ~ 0.37	0.5 ~ 0.8	0.15 ~ 0.25		0.60 ~ 0.90	1.25 ~ 1.65	850	600	高强度零件、飞机发动机轴等

（2）工艺的制订

主要工作：根据资料和钢种相变点制订淬火、回火工艺，填写任务报告单。亚共析钢淬火加热温度：A_{c3} 以上 30 ~ 50 ℃（图 2 - 10），使钢完全奥氏体化，淬火后获得全部马氏体组织。高温回火（调质处理）：>500 ℃，要求综合力学性能的重要受力零件，如轴、齿轮、连杆、螺栓，得到回火索氏体。

使用设备：箱式电阻炉、钳子、劳保手套等。

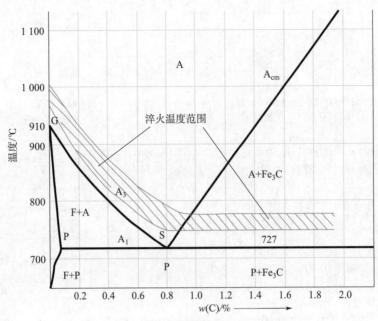

图 2 – 10　亚共析钢的淬火工艺制订范围

保温时间：根据零件尺寸和特点确定。保温时间的经验公式：

$$\tau = KD \text{（单位为 min）}$$

式中，K 为加热系数，一般 $K = 1.5 \sim 2.0$ min/mm，若装炉量大，则可延长保温时间；D 为工件有效厚度，单位为 mm。

工作要求：遵照设备使用规程进行操作。学生动手完成任务，并记录在工作任务单中，教师对完成情况进行考核。（要树立严谨负责、敬业负责的工作态度，保证产品最终性能。）

◎ 工作任务单

班级：　　　　　学号：　　　　　姓名：　　　　　组号：

知识点：

1. 零件在淬火、回火冷却过程中采用＿＿＿＿＿＿＿＿（水冷、油冷）冷却方式，淬火冷却至室温得到组织，回火冷却至室温得到组织。

2. 此次最终热处理的目的是什么？

3. 正确记录传动轴零件的最终热处理工艺。

微课：合金弹簧钢的最终热处理

钢号：40Cr	工艺参数
设备名称及型号	
淬火加热时间/min	
淬火加热温度/℃	
保温时间/min	
冷却方式	

钢号：40Cr	工艺参数
设备名称及型号	
加热时间/min	
加热温度/℃	
保温时间/min	
冷却方式	

考核评分表

评分内容	分值	评价标准	得分
素质评分	20	1. 阅读资料，理论知识具备（5分） 2. 服从安排，配合活动（5分） 3. 不迟到、不旷课（5分） 4. 节约成本与资源（5分）	
任务考核	60	1. 正确制订钢的热处理工艺（10分） 2. 按照设备规程正确操作（20分） 3. 协助互动，解决难点（10分） 4. 爱护设备，组内协同（10分） 5. 产品质量符合要求（10分）	
任务工单	20	1. 规定时间内独立完成（满分） 2. 没有按时完成工单（扣10分） 3. 字迹不工整，工单不整洁（扣5分）	

任务二：弹簧钢（60Si2Mn）的最终热处理

60Si2Mn 弹簧钢是应用广泛的硅锰弹簧钢，强度、弹性和淬透性比 55Si2Mn 的稍高。60Si2Mn 弹簧钢工业上用于制作承受较大负荷的扁形弹簧或线径在 30 mm 以下的螺旋弹簧，也适于制作工作温度在 250 ℃以下非腐蚀介质中的耐热弹簧、承受交变负荷及在高应力下工作的大型重要卷制弹簧、汽车减震系统等。其适于制作厚度小于 10 mm 的板簧和截面尺寸小于 25 mm 的螺旋弹簧，在重型机械、铁道车辆、汽车、拖拉机上应用。

（1）成分特点

合金弹簧钢的碳的质量分数 $w(C) = 0.45\% \sim 0.7\%$，以保证得到高的疲劳强度和屈服点。主加合金元素是 Mn、Cr、Si 等，主要作用是强化铁素体，提高钢的淬透性、弹性极限及回火稳定性，使之回火后沿整个截面获得均匀的回火托氏体组织，具有较高的硬度和强度。

（2）热处理特点

冷成形弹簧：先通过冷变形或热处理方法使之强化后，再用冷成形方法制造成一定的弹簧。这类钢在冷成形成弹簧后，需进行 200~400 ℃ 的低温回火，以去除应力。由于成形前，钢已经被强化，所以只能制作小型弹簧。

热成形弹簧：钢丝直径或钢板厚度大于 10 mm 的螺旋弹簧或板弹簧，通常将弹簧加热至比正常淬火温度高 50~80 ℃ 后进行热卷成形，然后利用余热立即淬火、中温回火，获得回火托氏体组织，硬度为 40~48 HRC，具有较高的弹性极限、疲劳强度，以及一定的塑性和韧性。

弹簧在热处理后，往往需要喷丸处理，以消除或减轻表面缺陷的有害影响，并可使表面产生硬化层，形成残余压应力，提高疲劳强度和使用寿命。例如，60Si2Mn 钢制成的汽车板簧经喷丸处理后，使用寿命提高了 5~6 倍。表 2-4 为常用弹簧钢的牌号、成分、热处理、性能及用途。

表 2-4　常用弹簧钢的牌号、成分、热处理、性能及用途

牌号	化学成分（质量分数）/%			热处理温度/℃		用途举例
	C	Si	Mn	淬火	回火	
65	0.62~0.70	0.17~0.37	0.50~0.80	840 油	500	小于 ϕ12 mm 的一般机器上的弹簧，或拉成钢丝做小型机械弹簧
85	0.82~0.90	0.17~0.37	0.50~0.80	820 油	480	小于 ϕ12 mm 的一般机器上的弹簧，或拉成钢丝做小型机械弹簧
65Mn	0.62~0.70	0.17~0.37	0.09~1.20	830 油	540	小于 ϕ12 mm 的一般机器上的弹簧，或拉成钢丝做小型机械弹簧
55Si2Mn	0.52~0.60	1.50~2.00	0.60~0.90	870 油	480	ϕ20~25 mm 弹簧，工作温度低于 230 ℃
60Si2Mn	0.56~0.60	1.50~2.00	0.60~0.90	870 油	480	ϕ23~30 mm 弹簧，工作温度低于 300 ℃

（3）工艺的制订

主要工作：根据文献资料和弹簧钢成分特点制订淬火＋回火工艺，填写任务报告单。

使用设备：箱式电阻炉、钳子、劳保手套等。

保温时间：根据零件尺寸和特点确定。保温时间的经

微课：滚动轴承淬火＋低温回火

验公式：

$$\tau = KD \quad （单位为 min）$$

式中，K 为加热系数，一般 $K = 1.5 \sim 2.0$ min/mm，若装炉量大，则可延长保温时间；D 为工件有效厚度，单位为 mm。

微课：合金工具钢、
高速工具钢的热处理

工作要求：遵照设备使用规程进行操作。学生动手完成任务，并记录在工作任务单中，教师对完成情况进行考核。（要严格执行工艺操作过程，保障工艺控制精度，做到对产品质量负责。）

◎ 工作任务单

班级：　　　　　学号：　　　　　姓名：　　　　　组号：

知识点：

1. 写出 60Si2Mn 牌号的含义。

60：____；Si2：____；Mn：____。

2. 零件在淬火冷却至室温时，得到 _____ 组织；回火冷却至室温时，得到 _____ 组织。

3. 此次最终热处理的目的是什么？

4. 正确记录传动轴零件的最终热处理工艺。

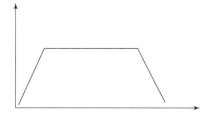

钢号：60Si2Mn	工艺参数
设备名称及型号	
加热时间/min	
加热温度/℃	
保温时间/min	
冷却方式	

钢号：60Si2Mn	工艺参数
设备名称及型号	
加热时间/min	
加热温度/℃	
保温时间/min	
冷却方式	

项目二　零件的最终热处理

🔘 考核评分表

评分内容	分值	评价标准	得分
素质评分	20	1. 阅读资料，理论知识具备（5分） 2. 服从安排，配合活动（5分） 3. 不迟到、不旷课（5分） 4. 节约成本与资源（5分）	
任务考核	60	1. 正确制订钢的热处理工艺（10分） 2. 按照设备规程正确操作（20分） 3. 协助互动，解决难点（10分） 4. 爱护设备，组内协同（10分） 5. 产品质量符合要求（10分）	
任务工单	20	1. 规定时间内独立完成（满分） 2. 没有按时完成工单（扣10分） 3. 字迹不工整，工单不整洁（扣5分）	

任务三：轴承（GCr15）的最终热处理

（1）工艺特点

最终热处理是淬火后低温回火。回火后的组织为极细的回火马氏体、细小且均匀分布的碳化物及少量残余奥氏体，硬度为61~65 HRC。对于精密轴承零件，淬火后还应该进行冷处理，使残余奥氏体转变，然后进行低温回火。磨削加工后，在120~130 ℃下时效5~10 h，以去除应力，保证工作中的尺寸稳定性。滚动轴承钢的牌号、成分、热处理及用途见表2-5。

表2-5　滚动轴承钢的牌号、成分、热处理及用途

牌号	化学成分（质量分数）/%				热处理温度/℃		应用举例
	C	Cr	Si	Mn	淬火	回火	
GCr6	1.05~1.15	0.40~0.70	0.15~0.35	0.20~0.40	800~820	150~170	$\phi<10$ mm 滚珠、滚柱和滚针
GCr9	1.00~1.10	0.90~1.20	0.15~0.35	0.20~0.40	800~820	150~170	$\phi<20$ mm 的滚动体及轴承内外圈
GCr9SiMn	1.00~1.10	0.90~1.20	0.40~0.70	0.90~1.20	810~830	150~200	壁厚<14 mm、外径 $\phi<250$ mm 的轴承套，$\phi=25~50$ mm 的钢球，$\phi 25$ mm 左右的相滚柱等
GCr15	0.95~1.05	1.30~1.65	0.15~0.35	0.20~0.40	820~840	150~160	与 GCr9SiMn 的相同
GCr15SiMn	0.95~1.05	1.30~1.65	0.40~0.65	0.90~1.20	820~840	170~200	壁厚≥14 mm、外径大于250 mm 的套圈，直径为 20~200 mm 的钢球

（2）工艺的制订

主要工作：根据文献资料和弹簧钢成分特点制订淬火 + 回火工艺，填写任务报告单。

使用设备：箱式电阻炉、钳子、劳保手套等。

保温时间：根据零件尺寸和特点确定。保温时间的经验公式：

$$\tau = KD \quad （单位为 min）$$

式中，K 为加热系数，一般 $K = 1.5 \sim 2.0 \ \text{min/mm}$，若装炉量大，则可延长保温时间；$D$ 为工件有效厚度，单位为 mm。

工作要求：遵照设备使用规程进行操作。学生动手完成任务，并记录在工作任务单中，教师对完成情况进行考核。（要严格执行工艺操作过程，保障工艺控制精度，做到对产品质量负责。）

微课：合金渗碳钢最终热处理

◎ 工作任务单

班级：	学号：	姓名：	组号：

知识点：

1. 零件在淬火冷却至室温时，得到 ＿＿＿＿＿＿＿＿ 组织；回火冷却至室温时，得到 ＿＿＿＿＿＿＿＿ 组织。

2. 此次最终热处理的目的是什么？

3. 正确记录轴承零件的最终热处理工艺。

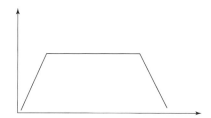

钢号：GCr15	工艺参数
设备名称及型号	
加热时间/min	
加热温度/℃	
保温时间/min	
冷却方式	

钢号：GCr15	工艺参数
设备名称及型号	
加热时间/min	
加热温度/℃	
保温时间/min	
冷却方式	

🌀 考核评分表

评分内容	分值	评价标准	得分
素质评分	20	1. 阅读资料，理论知识具备（5分） 2. 服从安排，配合活动（5分） 3. 不迟到、不旷课（5分） 4. 节约成本与资源（5分）	
任务考核	60	1. 正确制订钢的热处理工艺（10分） 2. 按照设备规程正确操作（20分） 3. 协助互动，解决难点（10分） 4. 爱护设备，组内协同（10分） 5. 产品质量符合要求（10分）	
任务工单	20	1. 规定时间内独立完成（满分） 2. 没有按时完成工单（扣10分） 3. 字迹不工整，工单不整洁（扣5分）	

任务四：变速齿轮（20CrMnTi）的最终热处理

（1）工艺特点

一般应在渗碳后进行淬火和低温回火（180～200 ℃），使零件表面具有优异的耐磨性和高的疲劳强度，心部具有较高强度和足够的韧性。表2-6为常用渗碳钢的牌号、成分、热处理、性能及用途。

表2-6　常用渗碳钢的牌号、成分、热处理、性能及用途（GB/T 3077—1999）

类别	牌号	主要化学成分(质量分数)/%							热处理温度/℃		用途举例
		C	Mn	Si	Cr	Ni	V	其他	淬火	回火	活塞销等
低淬透性	15	0.12～0.19	0.35～0.65	0.17～0.37					770～800 水	200	小齿轮、小轴、活塞销等
	20Mn2	0.17～0.24	1.40～1.80	0.20～0.40					770～800 油	200	齿轮、小轴、活塞销等
	20Cr	0.17～0.24	0.50～0.80	0.20～0.40	0.70～1.0				880 水，油	200	齿轮、小轴、活塞销等，也用作锅炉、高压容器管道
	20MnV	0.17～0.24	1.30～1.60	0.20～0.40			0.07～0.12		880 水，油	200	齿轮、小轴顶杆、活塞销、耐热垫圈
	20CrV	0.17～0.24	0.5～0.8	0.20～0.40	0.80～1.10		0.10～0.20		800 水，油	200	齿轮、轴、蜗杆、活塞销、摩擦轮

2

续表

类别	牌号	主要化学成分(质量分数)/%							热处理温度/℃		用途举例
		C	Mn	Si	Cr	Ni	V	其他	淬火	回火	活塞销等
中淬透性	20CrMn	0.17 ~ 0.24	0.90 ~ 1.20	0.20 ~ 0.40	0.90 ~ 1.20				850 油	200	汽车、拖拉机上的变速箱齿轮
	20CrMnTi	0.17 ~ 0.24	0.80 ~ 1.10	0.20 ~ 0.40	1.00 ~ 1.30			Ti 0.06 ~ 0.12	860 油	200	代 20CrMnTi
	20Mn2TiB	0.17 ~ 0.24	1.50 ~ 1.80	0.20 ~ 0.40				Ti 0.06 ~ 0.12 B 0.001 ~ 0.004	860 油	200	代 20CrMnTi
	20SiMnVB	0.17 ~ 0.24	1.30 ~ 1.60	0.50 ~ 0.80			0.07 ~ 0.12	B 0.001 ~ 0.004	780 ~ 800 油	200	大型渗碳齿轮和轴类件
高淬透性	18Cr2Ni4WA	0.13 ~ 0.19	0.30 ~ 0.60	0.20 ~ 0.40	1.35 ~ 1.65	4.00 ~ 4.50		W 0.80 ~ 1.20	850 空气	200	大型渗碳齿轮和轴类件
	20Cr2Ni4A	0.17 ~ 0.24	0.30 ~ 0.60	0.20 ~ 0.40	1.25 ~ 1.75	3.25 ~ 3.75			780 油	200	大型渗碳齿轮、飞机齿轮
	15CrMn2SiMo	0.13 ~ 0.19	2.0 ~ 2.40	0.4 ~ 0.7	0.4 ~ 0.7			Mo 0.4 ~ 0.5	860 油	200	

（2）工艺的制订

主要工作：根据文献资料和渗碳钢成分特点制订淬火＋低温回火工艺，填写任务报告单。

使用设备：箱式电阻炉、钳子、劳保手套等。

保温时间：根据零件尺寸和特点确定，一般渗碳速度为 0.1 ~ 0.15 mm/h，表面渗层深度为 0.5 ~ 2.5 mm。渗氮时间更长，一般约为 30 ~ 50 h。（热处理时间较长，但我们一定要时刻进行监控，要养成爱岗敬业、一丝不苟的精神。）

工作要求：遵照设备使用规程进行操作。学生动手完成任务，并记录在工作任务单中，教师对完成情况进行考核。

拓展知识：离子氮化技术的显著特点是处理后零件表面清洁，抗腐蚀、变形小、耐磨性高。与气体渗氮比，更有周期短、高效、污染少等优势。近几年来，离子氮化的发展很快，尤其是离子氮化炉脉冲电源的问世，它将放电的物理参数（电压、电流、气压）与控温参数（脉冲宽度）分开，增加了工艺的可调性，易于实现工艺参数的选择和精确控制。（工艺技术的改进需要大家不断努力，攻克难关，要树立提高国家高端技术装备加工技术的理想信念。）

🌀 工作任务单

班级：	学号：	姓名：	组号：

知识点：

1. 零件在淬火冷却至室温时，表层得到_____组织，心部得到_____组织，说明 20CrMnTi 的淬透性____。

2. 此次最终热处理的目的是什么？

3. 正确记录零件的最终热处理工艺。

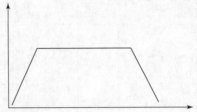

钢号：20CrMnTi	工艺参数
设备名称及型号	
淬火加热时间/min	
淬火加热温度/℃	
保温时间/min	
冷却方式	

钢号：20CrMnTi	工艺参数
设备名称及型号	
回火加热时间/min	
回火加热温度/℃	
保温时间/min	
冷却方式	

🌀 考核评分表

评分内容	分值	评价标准	得分
素质评分	20	1. 阅读资料，理论知识具备（5分） 2. 服从安排，配合活动（5分） 3. 不迟到、不旷课（5分） 4. 节约成本与资源（5分）	

续表

评分内容	分值	评价标准	得分
任务考核	60	1. 正确制订钢的热处理工艺（10分） 2. 按照设备规程正确操作（20分） 3. 协助互动，解决难点（10分） 4. 爱护设备，组内协同（10分） 5. 产品质量符合要求（10分）	
任务工单	20	1. 规定时间内独立完成（满分） 2. 没有按时完成工单（扣10分） 3. 字迹不工整，工单不整洁（扣5分）	

三、课后练习

（一）填空题

1. 工业中回火可分为____、____、____。淬火 + ____的热处理工艺称为调质。

2. 滚动轴承钢 GCr15 的最终热处理应该是_____。

3. 为了提高 45 钢的综合力学性能，应进行_____。

4. 马氏体的硬度主要取决于其_____。

5. 碳化物的形状及其在钢中的分布对工具钢的性能和寿命影响很大，因此，一般要求工具钢中的碳化物是____状，而且颗粒_____，分布_____。

（二）选择题

1. 亚共析钢的淬火加热温度都应在（   ）奥氏体区。

A. 完全　　　　　B. 不完全　　　　　C. 残余

2. 钢的淬透性主要取决于（   ）。

A. 合金成分　　　B. 冷却介质　　　　C. 钢的临界冷却速度

3. 钢在一定条件下淬火后，获得淬硬层深度的能力称为（   ）。

A. 淬硬性　　　　B. 淬透性　　　　　C. 耐磨性

4. 淬火后的钢一般需要进行及时（   ）。

A. 正火　　　　　B. 退火　　　　　　C. 回火

5. 调质处理就是（   ）热处理。

A. 淬火 + 高温回火　B. 淬火 + 中温回火　C. 淬火 + 低温回火

6. 钢的回火加热温度一般在（   ）以下，分为低温回火、中温回火和高温回火。

A. A_{c1}　　　　　B. A_{cm}　　　　　C. A_{c3}

7. 钢在淬火后所得的组织是（   ）。

A. 马氏体　　　　B. 回火托氏体　　　C. 索氏体

8. 想要保持淬火后的高硬度，应采用（   ）。

A. 低温回火　　　B. 中温回火　　　　C. 高温回火

9. 20CrMnTi 按含碳量来看，属于（   ）。

A. 低碳钢　　　　　B. 中碳钢　　　　　C. 高碳钢

10. 淬火的主要目的是（　　　　）。

A. 使零件变形　　　B. 得到高硬度组织　C. 使零件容易切削

（三）判断题

1. 淬火后的钢，随回火温度的提高，其强度和硬度也提高。　　　　　　　　　（　　）

2. 钢回火的加热温度在 A_{c1} 以下，因此，在回火过程中无组织变化。　　　（　　）

3. 合金渗碳钢一般是低碳钢。　　　　　　　　　　　　　　　　　　　　　（　　）

4. GCr15 钢是滚动轴承钢，但可制造量具、刀具和冷冲模具等。　　　　　　（　　）

（四）简答题

1. 什么是淬火？淬火的目的是什么？

2. 简要回答钢的回火工艺及目的。

3. 解释钢的牌号：20CrMnTi、W18Cr4V、40Cr、60Si2Mn、GCr15。

项目三　零件的力学性能及金相检测

学习目标

1. 知识目标

掌握金属力学性能的基本概念及其指标；认识拉伸曲线图；掌握强度塑性的衡量指标及其意义；掌握常用硬度的测试方法及适用范围；掌握典型零件内部显微组织特征。

2. 能力目标

能根据拉伸曲线图读取、计算强度，测量试样的塑性；能根据材料及其热处理状态正确选用硬度测试方法；能使用金相制备设备和热处理后的材料完成金相试样的制备，并根据热处理后的显微组织判定是否符合技术要求。

3. 素质目标

养成遵守设备安全操作规程的习惯；严谨细致，严把产品质量关，树立"质量强国"的理念；做到对自己负责，对企业负责，对用户负责，树立"专于品质，精于内在"爱岗敬业的精神。

人类社会的发展历程是以材料为主要标志的。历史上，材料被视为人类社会进化的里程碑。对材料的认识和利用的能力，决定着社会的形态和人类生活的质量。与此同时，材料的性能也在不断提高优化，现如今的材料强度越来越高，化学性能更加稳定，这些都是材料人不断探索、研究、实践的结果。作为我国新时代高校学子，我们有责任发展支撑我国工业发展的各种材料，为我国装备制造和建设社会主义强国而努力！

在生产加工各种金属零件过程中，总有个别零件出现加工缺陷，造成不能使用，如组织缺陷、微裂纹、表面损伤等。图 3-1 所示为轴类零件过热造成的缺陷，图 3-2 所示为组织内部出现的微裂纹。

这些零件在生产加工过程中，由工艺参数、设备加工、人为控制不当等造成的缺陷很常见，可以通过检测工具发现这些问题，从而保证零件的安全可靠。

本项目主要完成以下学习任务：

任务一：传动轴（40Cr）的力学性能及金相检测

任务二：弹簧钢（60Si2Mn）的力学性能及金相检测

任务三：轴承（GCr15）的力学性能及金相检测

任务四：变速齿轮（20CrMnTi）的力学性能及金相检测

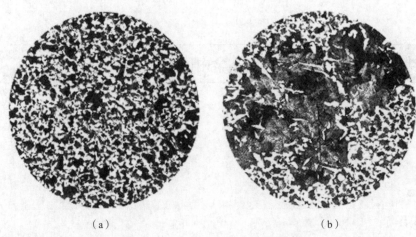

(a)　　　　　　　　　　(b)

图 3 - 1　轴类零件过热造成的缺陷

(a) 100×晶粒均匀；(b) 100×过热区

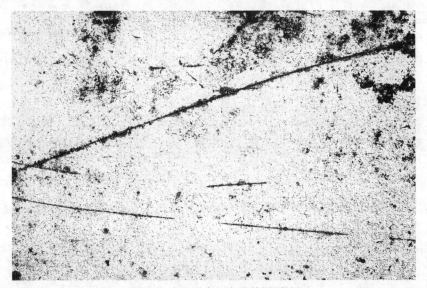

图 3 - 2　组织内部出现的微裂纹

一、知识准备

　　材料的性能是指材料对产品设计、制造、使用等要求的满足程度，也就是材料本身所具有的性质和能力。只有全面了解材料的各种性能，才能正确、经济、合理地选择使用材料，准确制订各种加工工艺，从而达到既节约材料又保证产品质量的目的。材料的性能主要包括使用性能、工艺性能等，如图 3 - 3 所示。其中，使用状态下表现出来的性能最为重要，尤以力学性能为首。

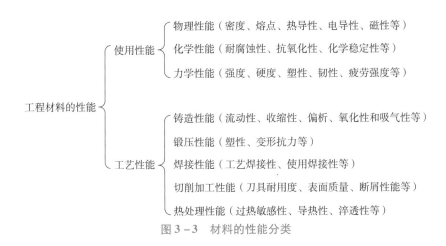

图 3 – 3 材料的性能分类

材料在力的作用下表现出来的特性称为力学性能，是最常用、最重要的性能，是衡量材料的主要性能之一。常用强度、塑性、硬度、韧性、疲劳强度等指标予以表示，一般通过拉伸试验、硬度试验、冲击试验和疲劳试验等试验方法进行测定。

各种机械零件在使用过程中都会受到不同性质的外力作用。如起重机上的钢丝绳，在吊起物体时受到拉力的作用；铁路钢轨，当火车经过时承受很大的压力；柴油机连杆工作时，同时受到拉力、压力和冲击力的作用等。当受到这些外力作用时，机器零件和构件在宏观上将表现出形状和尺寸的变化，这种变化叫作变形。变形一般分为弹性变形和塑性变形（又称永久变形）。外力不大时，一旦去除外力，变形随之消失，这种变形称为弹性变形；如果外力继续加大，材料就会产生不能自行恢复的、卸除外力之后被保留下来的变形，这样的变形称为塑性变形或永久变形。如果塑性变形继续加大，则最终将造成机器零件和构件过量变形或断裂失效。

材料所受的外力称为载荷（也称负荷、负载）。载荷因其作用性质的不同，可分为静载荷、冲击载荷和交变载荷等。

①静载荷，是指大小不变或变动很慢的载荷。

②冲击载荷，是指突然增加的载荷。

③交变载荷，是指大小、方向或大小和方向随时间发生周期性变化的载荷。

材料受载荷作用后的变形，可分为压缩、拉伸、扭转、剪切和弯曲等。图 3 – 4 所示为工程材料在不同载荷作用下的变形分类。

知识点 1. 强度

阅读引导：重点分析一条曲线（拉力 – 伸长曲线），理解两个概念（弹性变形、塑性变形），掌握三种强度指标（屈服强度、规定残余伸长强度、抗拉强度）的计算方法和正确应用。

强度是指材料在外力作用下抵抗塑性变形和断裂的能力。抵抗能力越大，材料强度越高。根据载荷性质的不同，强度可分为抗拉、抗压、抗剪、抗扭和抗弯强度等。在机械制

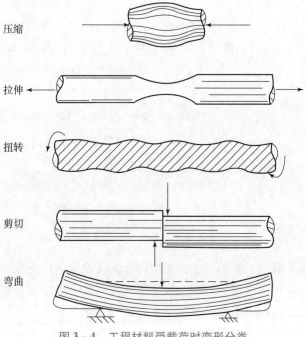

图 3－4　工程材料受载荷时变形分类

造中，常用抗拉强度作为材料力学性能的主要指标。其主要测定方法是拉伸试验。拉伸试样如图 3－5 所示，拉力－伸长曲线如图 3－6 所示。

微课：零件的强度、塑性检测

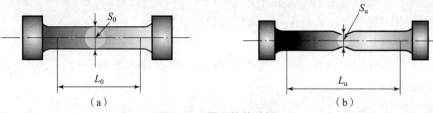

图 3－5　圆形拉伸试样

（a）拉伸前；（b）拉断后

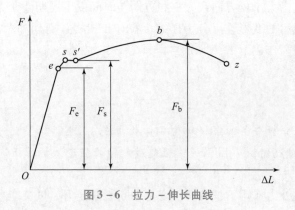

图 3－6　拉力－伸长曲线

（1）*Oe*——弹性变形阶段

当载荷小于 F_e 时，试样只产生弹性变形。其特点是试样随载荷的增加而产生变形、伸长，但去除载荷后，变形则完全消失，试样恢复到原来的形状和尺寸。

（2）*es*——微量塑性变形阶段

载荷超过 F_e 后，试样进一步发生变形，此时若去除载荷，绝大部分变形随之消失（弹性变形部分），但却有一小部分变形（微量）不能消失而被保留下来，这种不能随载荷的去除而消失的变形即为塑性变形。

（3）*ss'*——屈服阶段

载荷增大到 F_s 时，载荷保持不变而试样的变形继续增加，这种现象称为屈服现象。这时，在拉伸曲线上出现水平线段（或锯齿形线段）。

（4）*s'b*——均匀变形阶段

载荷超过 F_s 后，材料开始发生大量的塑性变形。与此同时，载荷也在不断增加，以维持变形继续进行，直至 *b* 点。此阶段试样的变形是在试样标距长度范围内均匀发生的。

（5）*bz*——缩颈阶段

当载荷达到 F_b 后，试样开始发生局部收缩，称为缩颈现象。试样在载荷小的情况下继续变形。当变形达到 *z* 点时，试样在缩颈处断裂，如图 3 – 5（b）所示。其中，S_u 为试样拉断后的断口处直径，L_u 为试样拉断后的标距长度。

1.1 抗拉强度（强度极限）

抗拉强度是指试样拉断过程中所能承受的最大应力值，用符号 R_m（σ_b）表示：

$$R_m = \frac{F_m}{S_o}\left(\sigma_b = \frac{F_b}{S_o}\right)$$

式中，F_m（F_b）为试样所承受的最大拉伸力（N）；S_o 为试样原始横截面积（mm^2）。

抗拉强度的物理意义在于它反映了材料最大均匀变形的抗力，表明了材料在拉伸条件下，单位截面积上所能承受的最大应力。显然，机器零件工作时，所承受的拉应力不允许超过 R_m（σ_b），否则就会产生断裂，甚至造成严重事故。因此它也是机械设计计算和选材的重要指标之一。特别对于脆性材料来说，拉伸过程中几乎不发生塑性变形即突然断裂，R_{r02}（σ_{r02}）也常常难以测出，所以，脆性材料没有屈服强度指标，只有抗拉强度指标用于零件的设计计算。

在工程上，把 R_e（σ_s）/R_m（σ_b）的值称为屈强比。其值越高，材料强度的有效利用率越高，但会使零件的安全可靠性降低。不过，在使用性能要求允许的情况下，还是屈强比大一点好，一般在 0.75 左右。

1.2 屈服强度

屈服强度是材料发生微量塑性变形时的应力值。用符号 R_{eL}（σ_s）表示。分为上屈服强度 R_{eH} 和下屈服强度 R_{eL}，一般用下屈服强度作为衡量指标。其计算公式为：

$$R_{eL} = \frac{F_{eL}}{S_o}\left(\sigma_s = \frac{F_s}{S_o}\right)$$

式中，F_{eL}（F_s）为试样屈服时所承受的拉伸力（N）；S_o 为试样原始横截面积（mm^2）。

屈服强度和规定残余伸长强度都是材料抵抗微量塑性变形的抗力。当材料的实际工作应力大于其屈服点或屈服强度时，就有可能产生过量塑性变形而失效，如果能保证零件工作时的应力低于材料的屈服点或屈服强度，就不会发生此类情况。材料的屈服强度、规定残余伸长强度越高，表示材料抵抗微量塑性变形的能力就越大，允许的工作应力也就越高。因此，$R_e(\sigma_s)$、$R_{r02}(\sigma_{r02})$ 是大多数机械零件设计计算时的主要依据之一，同时也是评定材料质量的重要指标。

知识点 2. 塑性

阅读引导：重点理解塑性指标的含义，并注意与强度指标的区别；掌握塑性指标的正确运用。

材料在外力作用下产生塑性变形而不被破坏的能力称为塑性。常用的塑性指标是断后伸长率和断面收缩率。一般通过拉伸试验测定。

2.1　延伸率

延伸率是试样拉断后，标距的伸长量与原标距长度的百分比。用符号 $A(\delta)$ 表示。

$$A(\delta) = \frac{L_u - L_o}{L_o} \times 100\%$$

式中，L_o 为试样原标距长度（mm）；L_u 为试样拉断后对接的标距长度（mm）；

2.2　断面收缩率

断面收缩率是试样拉断后，缩颈处横截面积的最大缩减量与原始横截面积的百分比，用符号 $Z(\psi)$ 表示。

$$Z(\psi) = \frac{S_o - S_u}{S_o} \times 100\%$$

式中，S_o 为试样原始横截面积（mm^2）；S_u 为试样拉断后缩颈处最小横截面积（mm^2）。

塑性直接影响到零件的成形及使用。塑性好的材料，不仅能顺利地进行轧制、锻压等成形工艺，而且在使用中万一超载，由于变形，能避免突然断裂。所以，大多数机械零件除要求具有较高的强度外，还必须有一定的塑性。一般情况下，伸长率达到5%或断面收缩率达到10%的材料，即可满足大多数零件的使用要求。但也不是塑性越大越好。例如，钢铁材料的塑性过大，其强度就会降低，零件的使用寿命就会缩短。

知识点 3. 硬度

阅读引导：重点掌握布氏硬度、洛氏硬度的测量方法、标注方法、主要特点和应用范围。

硬度是指材料抵抗局部变形，特别是塑性变形、压痕或划痕的能力，它是衡量材料软硬程度的力学性能指标。因为硬度测定具有简单、迅速、不破坏工件等优点，所以在工业生产中得到广泛应用。

测定硬度的方法很多，工业上应用广泛的是压入法硬度试验，即在规定的试验力下将压头压入被测材料或零件表面，用压痕深度或压痕表面面积来评定硬度。常用的主要有布氏硬度、洛氏硬度、维氏硬度等。

微课：零件硬度的检测

3.1 布氏硬度

这是用一定直径的球体（钢球或硬质合金球）以相应的试验力压入被测材料或零件表面，经规定保持时间后，卸除试验力，通过测量表面压痕直径来计算硬度的一种压痕硬度试验方法，如图 3 - 7 所示（h 为球冠形压痕的高，φ 为压入角）。

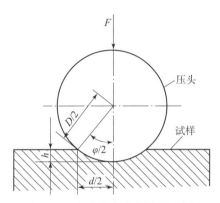

图 3 - 7　布氏硬度试验原理示意图

特点：布氏硬度值的测量误差小，数据稳定，重复性强，常用于测量退火、正火、调质处理后的零件，以及灰铸铁、结构钢、非铁金属及非金属材料等毛坯或半成品零件的硬度。但因测量费时，压痕较大，不适宜测量成品零件或薄件。

3.2 洛氏硬度

在初始试验力 F_0 及总试验力 F_1 的先后作用下，将顶角为 120°金刚石圆锥体或直径为 1.588 mm（1/16 in）的淬硬钢球压入试样表面，经规定保持时间后，卸除主试验力。通过测量残余压痕深度，确定材料的硬度数值，用 HR 表示。图 3 - 8 所示为洛氏硬度试验原理示意图。

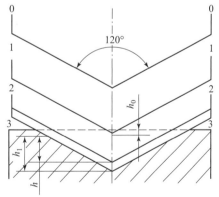

图 3 - 8　洛氏硬度试验原理示意图

特点：洛氏硬度测定简单，方便快捷，可直接从表盘上读出硬度数值，压痕小，不损坏零件表面，多用来测较硬材料的硬度或成品零件硬度；测试范围大，能测较薄零件的硬度。但由于压痕小，测定结果波动较大，稳定性较差，故需测试三点，取其算术平均值，一般不适宜测试组织不均匀的材料。

3.3 维氏硬度

将相对面夹角为 136° 的正四棱锥体金刚石压头以选定的试验力（49.03 ~ 980.7 N）压入被测材料或零件表面，经规定保持时间后，卸除试验力，用测量的压痕对角线长度计算硬度的一种压痕硬度试验。试验原理如图 3 - 9 所示。

特点：因为维氏硬度的适用范围宽，所以能够测量从极软到极硬的材料，弥补了布氏硬度因压头变形而不能测量高硬度材料，洛氏硬度因不同标尺之间硬度值不能相互换算等不足；试验载荷小，压入深度浅，压痕轮廓清晰，精确可靠，误差小，故可更好地测量极薄零件的硬度，尤其是化学热处理的渗层硬度等。但维氏硬度需测量对角线长度，再计算或查表才可获得硬度值，而且试样表面质量要求高，因此，测量效率较低，不适用于大批生产，不适合测量组织不均匀的材料（如铸铁的硬度）。一般工件不采用该硬度测量法。

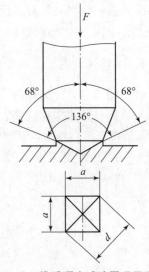

图 3 - 9　维氏硬度试验原理示意图

知识点 4. 韧性

阅读引导：重点理解动载荷（如冲击等）与静载荷的差别以及韧性指标的应用。

强度、塑性、硬度都是在静载荷作用下测量的力学性能指标（静载荷是指材料所受作用力从零逐渐增大到最大值）。但实际生产中不少零件经常是在复杂变化的动载荷作用下产生断裂而破坏的。因此，还必须考虑材料在断裂前吸收变形能量的能力，即韧性。材料的韧性通常随加载速度提高、温度降低、应力集中程度加剧而减小。常用的韧性判据有冲击吸收功和断裂韧度。

在冲击力作用下的零件，如火车挂钩、锻锤锤杆、冲床连杆、曲轴等，由于冲击所引起的变形和应力比静载荷时大得多，所以，如果继续沿用静载荷作用下测定的抗拉强度指标来设计计算，就不能保证零件工作时的安全性。必须测定其抵抗冲击力作用的能力，即冲击吸收功。

冲击吸收功是指规定形状和尺寸的试样在冲击试验力作用下折断时所吸收的功。通过冲击试验进行测定。

4.1 大能量一次冲击试验（金属夏比缺口冲击试验）

大能量一次冲击试验是用规定高度的摆锤对处于简支梁状态的缺口（V 形和 U 形缺口）试样进行一次性打击，测量试样折断时的冲击吸收功，如图 3 - 10 所示。

微课：零件的冲击韧性检测

将一定质量 m 的摆锤升高到 h_1 高度，具有位能 mgh_1；摆锤落下冲断试样后，升至 h_2 高度，具有位能 mgh_2。摆锤一次冲断试样所失去的位能称为冲击吸收功，单位为 J，用符号 A_{KV} 或 A_{KU} 表示。即：

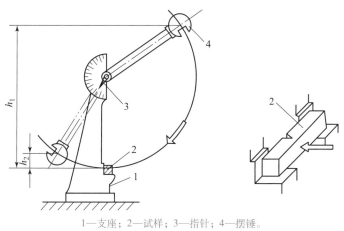

1—支座；2—试样；3—指针；4—摆锤。

图 3-10 大能量一次冲击试验示意图

$$A_{KV}(A_{KU}) = mgh_1 - mgh_2(J)$$

$A_{KV}(A_{KU})$ 的数值可以从试验机的刻度盘上直接读出。（把冲击试样缺口单位截面积的冲击吸收功称为冲击韧度，用 a_{KV} 或 a_{KU} 表示，新国标中已不再使用，但实际生产中还会沿用一段时间。）

显然，冲击吸收功表示了材料抵抗冲击力而不破坏的能力，是评定材料韧性好坏的重要指标之一。

由于影响冲击吸收功的因素很多，如试样的形状、表面粗糙度、内部组织状态等，测定数据的重复性差，因此，冲击吸收功尚不能直接用于强度计算，只作为设计时的参考指标。不过冲击吸收功对组织非常敏感，可灵敏地反映材料质量、宏观缺口和显微组织的差异，能有效地检验材料在冶炼、加工、热处理工艺等方面的质量。此外，冲击吸收功对温度非常敏感，通过一系列温度下的冲击试验可测出材料的脆化趋势和韧脆转变温度。

4.2 冲击吸收功-温度关系曲线

冲击吸收功与冲击试验温度有关。有些材料在室温时并不显示脆性，而在较低温度下则可能发生脆断。进行一系列不同温度的冲击试验，可测得冲击吸收功-温度关系曲线，如图 3-11 所示。

由图可见，冲击吸收功总的变化趋势是随温度降低而降低。当温度降至某一数值时，冲击吸收功急剧下降，材料由韧性断裂变为脆性断裂，这种现象称为冷脆转变。材料由韧性状态向脆性状态转变的温

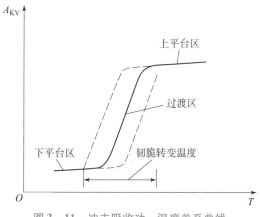

图 3-11 冲击吸收功-温度关系曲线

度称为韧脆转变温度。韧脆转变温度是衡量材料冷脆倾向的指标。材料的韧脆转变温度越低，说明材料的低温抗冲击性能越好。非合金（碳素）结构钢的韧脆转变温度为 -20 ℃，

因此，在较寒冷地区使用的非合金（碳素）结构钢构件，如车辆、桥梁、输油管道等，在冬天易发生脆断现象。所以，选择材料时，应考虑其工作的最低温度必须高于材料的韧脆转变温度。

二、工作任务

任务一：传动轴（40Cr）的力学性能及金相检测

40Cr 钢为合金结构钢，含碳量为 0.4%。它广泛用于制造强度要求较高的零件，如齿轮、轴、活塞销等，以及受力不是很大的机械加工件、锻件、冲压件和螺栓、螺母。轴类零件是机器中经常遇到的典型零件之一。它主要用来支承传动零部件，传递扭矩和承受载荷。

性能要求：要求具有高强度、高韧性相结合的良好综合力学性能，此外，还应有良好的淬透性，以保证零件整个截面上性能均匀一致。传动轴（40Cr）的力学性能及金相要求见表 3-1，其应用举例如图 3-12 所示。

表 3-1　传动轴（40Cr）的力学性能及金相要求（GB/T 3177—2018）

牌号	力学性能（≥）					
	σ_b/MPa	σ_s/MPa	δ_5/%	Ψ/%	HBS	显微组织
40Cr	980	785	9	45	207	回火索氏体

图 3-12　40Cr 钢应用举例

（1）强度、塑性的测定

主要工作：热处理前的强度、塑性测量，热处理后的强度、塑性测量，并进行对比，填写任务报告单。

使用设备：WE-60 型液压万能材料试验机，游标卡尺。

完成时间：20 min。

工作要求：遵照设备使用规程进行操作。学生动手完成任务，并记录在工作任务单中，教师对完成情况进行考核。（使用拉伸仪测量强度数据指标时，要严格按照仪器操作规程进行操作，数据要真实，一丝不苟地严把质量关。这对于车间大批量生产至关重要。)

（2）冲击韧性的测定

主要工作：热处理后的冲击功测量，填写任务报告单。

使用设备：冲击试验机。

完成时间：10 min。

工作要求：遵照设备使用规程进行操作。学生动手完成任务，并记录在工作任务单中，教师对完成情况进行考核。

（3）金相组织检测

主要工作：热处理后的金相试样制备，组织检测，填写任务报告单。

设备材料：金相镶嵌机，砂纸，抛光设备，4% 硝酸酒精，显微镜。（使用显微镜时，要认真对照金相标准，不可睁一只眼闭一只眼。)

完成时间：30 min。

工作要求：遵照金相制备和检测规程进行操作。学生动手完成任务，并记录在工作任务单中，教师对完成情况进行考核。

微课：金相的
制备、检测

项目三　零件的力学性能及金相检测

◎ 工作任务单

班级：　　　　　　学号：　　　　　　姓名：　　　　　　组号：

一、力学性能测量

牌号及热处理工艺：				
设备名称及型号：				
试验前		试验后		
原始标距 l_0/mm		断后标距 l_1/mm		
初始直径 /mm	截面 I	断裂处直径 /mm	1	
	截面 II		2	
	截面 III		3	
初始平均直径 d_0/mm		断裂处平均直径 d_1/mm		
初始横截面积 A_0/mm^2		断裂处横截面积 A_1/mm^2		

（1）屈服极限 $\sigma = \dfrac{F_s}{A_0} =$ _____ = _____ MPa

（2）强度极限 $\sigma = \dfrac{F_b}{A_0} =$ _____ = _____ MPa

（3）延伸率 $\delta = \dfrac{l_1 - l_0}{l_0} \times 100\% =$ _____ $\times 100\% =$ _____ %

（4）截面收缩率

$\psi = \dfrac{A_0 - A_1}{A_0} \times 100\% =$ _____ $\times 100\% =$ _____ %

二、冲击功的检测

制备试样使用的工具	
试样断口形状及整体尺寸	
检测设备名称及型号	
冲击功值	

三、金相组织的检测

金相组织	

考核评分表

评分内容	分值	评价标准	得分
素质评分	20	1. 阅读资料，理论知识具备（5分） 2. 服从安排，配合活动（5分） 3. 不迟到、不旷课（5分） 4. 工具零件摆放整齐（5分）	
任务考核	60	1. 明确性能和组织标准（10分） 2. 按照设备规程正确操作（20分） 3. 协助互动，解决难点（10分） 4. 爱护设备，组内协同（10分） 5. 严格把控产品质量（10分）	
任务工单	20	1. 规定时间内独立完成（满分） 2. 没有按时完成工单（扣10分） 3. 字迹不工整，工单不整洁（扣5分）	

任务二：弹簧钢（60Si2Mn）的力学性能及金相检测

60Si2Mn 属于合金弹簧钢，含碳量为 0.6%，是应用广泛的硅锰弹簧钢，强度、弹性和淬透性较高。60Si2Mn 弹簧钢工业上用于制作承受较大负荷的扁形弹簧或线径在 30 mm 以下的螺旋弹簧，也适于制作工作温度在 250 ℃ 以下非腐蚀介质中的耐热弹簧、承受交变负荷及在高应力下工作的大型重要卷制弹簧、汽车减震系统等。

性能要求：弹簧一般都是在交变应力作用下工作的，常产生疲劳破坏，也可能因弹性极限较低，过量变形或永久变形而失去弹性。因此，要求弹簧钢应具有：高的弹性极限、屈服点及高的屈强比；高的疲劳强度；足够的塑性和韧性；良好的耐热性和耐蚀性；较高的表面质量，不允许有脱碳、裂纹、夹杂等缺陷存在。弹簧钢（60Si2Mn）的力学性能及金相要求见表 3-2，应用举例如图 3-13 所示。

表 3-2　弹簧钢（60Si2Mn）的力学性能及金相要求（GB/T 3177—2018）

牌号	力学性能（≥）				
	σ_b/MPa	σ_s/MPa	δ_5/%	Ψ/%	显微组织
60Si2Mn	1 200	1 300	5	25	回火托氏体

图 3 – 13　65Si2Mn 应用举例

（1）强度、塑性的测定

主要工作：热处理前的强度、塑性测量，热处理后的强度、塑性测量，并进行对比，填写任务报告单。

使用设备：WE – 60 型液压万能材料试验机，游标卡尺。

完成时间：20 min。

工作要求：遵照设备使用规程进行操作。学生动手完成任务，并记录在工作任务单中。

（2）金相组织检测

主要工作：热处理后的金相试样制备，组织检测，填写任务报告单。

设备材料：金相镶嵌机，砂纸，抛光设备，4%硝酸酒精，显微镜。

完成时间：30 min。

工作要求：遵照金相制备和检测规程进行操作。学生动手完成任务，并记录在工作任务单中，教师对完成情况进行考核。

工作任务单

班级：　　　　学号：　　　　　姓名：　　　　　组号：

一、力学性能测量

牌号及热处理工艺：						
设备名称及型号：						
试验前			试验后			
原始标距 l_0 /mm			断后标距 l_1 /mm			
初始直径 /mm	截面 I		断裂处直径 /mm		1	
	截面 II				2	
	截面 III				3	
最小初始直径 d_0 /mm			断裂处平均直径 d_1 /mm			

续表

初始横截面积 A_0/mm^2		断裂处横截面积 A_1/mm^2	

（1）屈服极限 $\sigma = \dfrac{F_s}{A_0}$ = ＿＿＿＿＿＿＿ = ＿＿＿＿＿ MPa

（2）强度极限 $\sigma = \dfrac{F_b}{A_0}$ = ＿＿＿＿＿＿＿ = ＿＿＿＿＿ MPa

（3）延伸率 $\delta = \dfrac{l_1 - l_0}{l_0} \times 100\%$ = ＿＿＿＿＿＿＿ $\times 100\%$ = ＿＿＿＿＿ %

（4）截面收缩率

$\psi = \dfrac{A_0 - A_1}{A_0} \times 100\%$ = ＿＿＿＿＿＿＿ $\times 100\%$ = ＿＿＿＿＿ %

二、金相组织的检测

金相组织	

◎ 考核评分表

评分内容	分值	评价标准	得分
素质评分	20	1. 阅读资料，理论知识具备（5分） 2. 服从安排，配合活动（5分） 3. 不迟到、不旷课（5分） 4. 工具零件摆放整齐（5分）	
任务考核	60	1. 明确性能和组织标准（10分） 2. 按照设备规程正确操作（20分） 3. 协助互动，解决难点（10分） 4. 爱护设备，组内协同（10分） 5. 严格把控产品质量（10分）	
任务工单	20	1. 规定时间内独立完成（满分） 2. 没有按时完成工单（扣10分） 3. 字迹不工整，工单不整洁（扣5分）	

任务三：轴承（GCr15）的力学性能及金相检测

常见的高碳铬轴承钢的牌号由"G + Cr + 数字"组成。其中，"G"是"滚动"字汉语拼音字首，"Cr"是合金元素铬的符号，数字是以名义千分数表示的铬的质量分数。如GCr15 表示 $w(\mathrm{Cr}) \approx 1.5\%$ 的高碳铬轴承钢。如钢中含有其他合金元素，应依次在数字后面写出元素符号。如 GCr15SiMn 表示 $w(\mathrm{Cr}) \approx 1.5\%$ 、 $w(\mathrm{Si})$ 和 $w(\mathrm{Mn})$ 均小于 1.5% 的轴承钢。渗碳轴承钢的编号方法与合金结构钢的相似，只是在牌号前冠以字母"G"，如 G20Cr2Ni4A。

性能要求：在工作中受到周期性交变载荷和冲击载荷的作用，产生强烈的摩擦，接触应力很大，同时还受到大气和润滑介质的腐蚀，工作条件复杂而苛刻，要求必须具有：高而均匀的硬度和耐磨性；高的弹性极限和一定的冲击韧度；足够的淬透性和耐蚀能力；高的接触疲劳强度和抗压强度，硬度为 61~65 HRC。轴承钢（GCr15）的力学性能及金相要求见表 3-3，应用举例如图 3-14 所示。

表 3-3　轴承钢（GCr15）的力学性能及金相要求（GB/T 3177—2018）

牌号	力学性能/HRC	显微组织
GCr15	61~65	回火马氏体

图 3-14　GCr15 钢应用举例

（1）硬度的测定

主要工作：热处理前的硬度测量，热处理后的硬度测量，并进行对比，填写工作任务报告单。

使用设备：布氏硬度试验机。（要按设备规程操作，不可盲目进行加压等错误操作，避免损坏设备。）

完成时间：30 min。

工作要求：遵照设备使用规程进行操作。学生动手完成任务，并记录在工作任务单中，教师对完成情况进行考核。

（2）金相组织检测

主要工作：热处理后的金相试样制备，组织检测，填写任务报告单。

设备材料：金相镶嵌机，砂纸，抛光设备，4% 硝酸酒精，显微镜。

完成时间：30 min。

工作要求：遵照金相制备和检测规程进行操作。学生动手完成任务，并记录在工作任务单中，教师对完成情况进行考核。

工作任务单

班级：　　　　　学号：　　　　　姓名：　　　　　组号：

一、硬度的测量

材料	试验规范			试验结果			
	标尺	压头	总试验力 F/N	第一次	第二次	第三次	平均值/HRC

二、金相组织的检测

金相组织	

🌀 考核评分表

评分内容	分值	评价标准	得分
素质评分	20	1. 阅读资料，理论知识具备（5分） 2. 服从安排，配合活动（5分） 3. 不迟到、不旷课（5分） 4. 工具零件摆放整齐（5分）	
任务考核	60	1. 明确性能和组织标准（10分） 2. 按照设备规程正确操作（20分） 3. 协助互动，解决难点（10分） 4. 爱护设备，组内协同（10分） 5. 严格把控产品质量（10分）	
任务工单	20	1. 规定时间内独立完成（满分） 2. 没有按时完成工单（扣10分） 3. 字迹不工整，工单不整洁（扣5分）	

任务四：变速齿轮（20CrMnTi）的力学性能及金相检测

许多机械零件如汽车、拖拉机上的变速齿轮与内燃机上的凸轮轴、活塞销等，在工作时，表面受到强烈摩擦、磨损，同时又承受较大的交变载荷，特别是冲击载荷的作用。

性能要求：零件表面具有优异的耐磨性和高的疲劳强度，心部具有较高强度和足够的韧性。渗碳钢（20CrMnTi）的力学性能及金相要求见表3-4，应用举例如图3-15所示。

表3-4　渗碳钢（20CrMnTi）的力学性能及金相要求（GB/T 3177—2018）

牌号	力学性能（≥）				
	σ_b/MPa	σ_s/MPa	δ_5/%	显微组织	HBS
20CrMnTi	1 100	850	10	表面：马氏体	217

图3-15　20CrMnTi齿轮应用举例

（1）强度、塑性的测定

主要工作：热处理前的强度、塑性测量，热处理后的强度、塑性测量，并进行对比，填写工作任务报告单。

使用设备：WE-60 型液压万能材料试验机，游标卡尺。

完成时间：20 min。

工作要求：遵照设备使用规程进行操作。学生动手完成任务，并记录在工作任务单中，教师对完成情况进行考核。

（2）硬度的测定

主要工作：热处理前的硬度测量，热处理后的硬度测量，并进行对比，填写工作任务报告单。

使用设备：布氏硬度试验机。

完成时间：10 min。

工作要求：遵照设备使用规程进行操作。学生动手完成任务，并记录在工作任务单中，教师对完成情况进行考核。

（3）金相组织的检测

主要工作：热处理后的金相试样制备，组织检测，填写任务报告单。

设备材料：金相镶嵌机，砂纸，抛光设备，4% 硝酸酒精，显微镜。

完成时间：30 min。

工作要求：遵照金相制备和检测规程进行操作。学生动手完成任务，并记录在工作任务单中，教师对完成情况进行考核。

◎ 工作任务单

班级：　　　　学号：　　　　姓名：　　　　组号：

一、力学性能测量

牌号及热处理工艺：					
设备名称及型号：					
试验前			试验后		
原始标距 l_0 /mm			断后标距 l_1 /mm		
初始直径 /mm	截面 I		断裂处直径 /mm	1	
	截面 II			2	
	截面 III			3	
初始平均直径 d_0 /mm			断裂处平均直径 d_1 /mm		
初始横截面积 A_0 /mm^2			断裂处横截面积 A_1 /mm^2		

续表

（1）屈服极限 $\sigma = \dfrac{F_s}{A_0} =$ ＿＿＿＿＿＿＿ ＝ ＿＿＿＿＿ MPa

（2）强度极限 $\sigma = \dfrac{F_b}{A_0} =$ ＿＿＿＿＿＿＿ ＝ ＿＿＿＿＿ MPa

（3）延伸率 $\delta = \dfrac{l_1 - l_0}{l_0} \times 100\% =$ ＿＿＿＿＿ $\times 100\% =$ ＿＿＿＿ ％

（4）截面收缩率

$\psi = \dfrac{A_0 - A_1}{A_0} \times 100\% =$ ＿＿＿＿＿ $\times 100\% =$ ＿＿＿＿ ％

二、硬度的测量

材料	试验规范			试验结果			
	标尺	压头	总试验力 F/N	第一次	第二次	第三次	平均值/HRC

三、金相组织的检测

金相组织	

◎ 考核评分表

评分内容	分值	评价标准	得分
素质评分	20	1. 阅读资料，理论知识具备（5分） 2. 服从安排，配合活动（5分） 3. 不迟到、不旷课（5分） 4. 工具零件摆放整齐（5分）	
任务考核	60	1. 明确性能和组织标准（10分） 2. 按照设备规程正确操作（20分） 3. 协助互动，解决难点（10分） 4. 爱护设备，组内协同（10分） 5. 严格把控产品质量（10分）	
任务工单	20	1. 规定时间内独立完成（满分） 2. 没有按时完成工单（扣10分） 3. 字迹不工整，工单不整洁（扣5分）	

三、课后练习

（一）填空题

1. 在生产中常用的力学性能指标有 ＿＿＿＿＿、＿＿＿＿＿、＿＿＿＿＿、＿＿＿＿＿、＿＿＿＿＿等。

2. 工厂中常用_____方法测量原材料硬度，常用_____方法测量成品零件硬度。

3. 能同时提高材料强度和韧性的最有效方法是_____。

4. 材料在外力作用下抵抗塑性变形和断裂的能力称为_____。

5. 在工程上，把 $R_e(\sigma_s)/R_m(\sigma_b)$ 的值称为_____。

（二）选择题

1. 下列试验属于非破坏性的是（　　）。

A. 拉伸试验　　　　B. 硬度试验　　　　C. 冲击试验

2. 以下硬度标注正确的是（　　）。

A. HRC = 30　　　B. 30 HRC　　　C. 30 kg/mm^2

3. （　　）是材料抵抗局部变形，特别是塑性变形、压痕或划痕的能力。

A. 硬度　　　　B. 塑性　　　　C. 强度　　　　D. 韧性

4. 钢号 Q235A，其中 235 表示的是（　　）。

A. 抗拉强度　　　B. 屈服强度　　　C. 疲劳强度

5. HBW 是（　　）硬度的表达方式。

A. 布氏　　　　B. 洛氏　　　　C. 维氏

6. 能通过金属拉伸试验测得的力学性能指标是（　　）。

A. 硬度　　　　B. 强度　　　　C. 韧性

7. 拉伸试验时，试样拉断前所能承受的最大应力称为材料的（　　）。

A. 屈服强度　　　B. 抗拉强度　　　C. 弹性极限

8. 金属材料断后，伸长率和断面收缩率越高，其塑性越（　　）。

A. 好　　　　B. 不好　　　　C. 没有影响

（三）判断题

1. 金属在外力作用下产生的变形都不能恢复。　　　　　　　　　　　（　　）

2. 零件冲击功越大，说明材料韧性越好。　　　　　　　　　　　　　（　　）

3. 塑性变形能随载荷的去除而消失。　　　　　　　　　　　　　　　（　　）

4. 零件冲击功的大小与摆锤的重力势能有关。　　　　　　　　　　　（　　）

5. 一般来说，韧性好的零件，其断口比较齐整。　　　　　　　　　　（　　）

（四）简答题

1. 合金元素通过哪些途径提高或改善钢的力学性能和工艺性能？

2. 随着含碳量的增加，钢的力学性能有何变化？

项目四 金属零件的铸造成型

学习目标

1. 知识目标

熟悉铸造成形工艺基础知识，对铸件的生产方法、特点、应用等有初步的认识；理解选用不同铸造性能的原材料对铸造工艺和铸件质量的影响。对砂型铸造的工艺过程及工艺要点（分型面、浇注位置、工艺参数等的正确选择）有较系统的认识，能初步阅读简单的铸造工艺技术文件；掌握常见铸造缺陷的产生原因及预防措施。

2. 能力目标

能进行常见铸造缺陷产生原因分析及预防措施的确定；能进行简单的铸造工艺设计；能进行铸件结构工艺性分析。结合典型零件的铸造过程，能够举一反三，根据不同零件的结构特点与性能要求，合理制订铸造工艺方法，并能够操作简单的铸造过程；能整合知识和综合运用知识发现问题、分析问题和解决问题；能追踪行业最新发展动态、专业技术领域新技术的发展现状及应用状况的能力。

3. 素质目标

能够严格按照操作规范进行实操，树立成本意识、规范意识、标准意识、"质量强国"意识；传承爱岗敬业、认真专注、精益求精的工匠精神；具有一定的团队合作能力，具备一定的自我反思能力；弘扬重装文化，培养重装行业民族工业自豪感，激发技能报国的情怀，树立"熔古铸今，成就卓越"的理想，为国家铸造技术发展贡献青春力量。

精密铸造涡轮叶片（图4-1）是航空发动机最重要的零件之一，高速旋转的叶片负责将高温高压的气流吸入燃烧器，以维持发动机工作。涡轮叶片采用的材料不同于普通材料，非常昂贵。发动机的性能很大程度上取决于叶片型面的设计和制造水平。航空发动机的涡轮叶片是精密铸造湿蜡法铸造成形，在制造时，先铸造出涡轮叶片毛坯，再经过机械加工出成品。整个涡轮叶片生产工

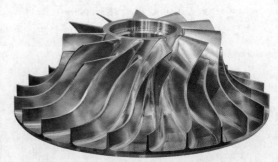

图4-1 精密铸造涡轮叶片

艺非常繁复，完全超越了珠宝制造工业，而这仅仅是航空发动机制造的一小部分。

　　铸造是一种古老的制造方法，在我国可以追溯到 6 000 年前。随着工业技术的发展，铸造大型铸件的质量直接影响着产品的质量，因此，铸造在机械制造业中占有重要的地位。铸造技术的发展也很迅速，特别是 19 世纪末和 20 世纪上半叶，出现了很多新的铸造方法，如低压铸造、陶瓷铸造、连续铸造等，在 20 世纪下半叶得到完善和实用化。由于现今对铸造质量、铸造精度、铸造成本和铸造自动化等要求的提高，因此，铸造技术向着精密化、大型化、高质量、自动化和清洁化的方向发展。例如，我国这几年在精密铸造技术、连续铸造技术、特种铸造技术、铸造自动化和铸造成型模拟技术等方面发展迅速。

　　面向 2030 年，铸造技术将迎来发展的战略机遇期。铸件在航空发动机、火箭发动机、燃气轮机、汽车发动机、轨道交通等各类装备中占有相当大的比例，对提高装备主机性能至关重要，铸造成形仍然是机械行业基础制造工艺。

　　面向 2030 年，我国铸造技术的发展目标：大幅度提高我国装备制造业发展所需高端铸件自主设计和制造的创新能力，在先进铸造技术、重大工程特大型及关键零部件的铸造成形技术、数字化智能化铸造技术、绿色铸造技术等方面形成一批世界一流的创新成果，为我国国民经济重要部门的装备制造提供强有力的技术支持，使我国从世界铸造大国发展成为世界铸造强国。

　　本项目主要完成以下学习任务：

　　任务一：铸铁箱体的铸造

　　任务二：铝铸件法兰的铸造

一、知识准备

知识点 1. 铸造成形的基础知识

　　阅读引导：掌握合金的铸造性能，铸件的生产方法、特点、应用等初步知识；理解什么是合金的铸造性能，铸造性能对铸造工艺、铸件结构及铸件质量有什么影响。

　　掌握充型能力和流动性的概念、合金的流动性和外界条件对铸件质量的影响、影响合金流动性的主要因素、提高充型能力和流动性的主要措施以及收缩的概念。熟悉常用铸造工具、设备及砂型铸造造型（芯）材料。

　　将液态金属浇注到铸型型腔中，待其冷却凝固后，获得一定形状的毛坯或零件的方法称为铸造。铸造的实质就是材料的液态成形，由于液态金属易流动，因此绝大部分金属材料都能用铸造的方法制成具有一定尺寸和形状的铸件，并使其形状和尺寸与零件接近，以节省金属，减少加工余量，降低成本。因此，铸造在机械制造工业中占有重要地位。

　　铸造生产具有适应性广、成本低的优点。可以生产各种形状、各种尺寸的毛坯，特别适宜制造具有复杂内腔的零件毛坯。可适应各种材料的成形，对不宜锻压和焊接的材料，铸造具有独特的优点，既适于单件、小批生产，又适于成批、大量生产。成本低是由于铸造原材料来源丰富；铸件的形状接近于零件，可减少切削加工量。因此，铸造是毛坯生产最主要的方法之一，如按重量计，机床中 60%~80%、汽车中 50%~60% 的零件采用铸件。

此外，液态金属在冷却凝固过程中，形成的晶粒较粗大，容易产生气孔、缩孔和裂纹等缺陷。所以，铸件的力学性能较相同材料的锻件差，而且存在生产工序多、铸件质量不稳定、废品率高、工作条件差、劳动强度较高等问题。

1.1 合金的铸造性能

铸造合金除应具备符合要求的力学性能和必要的物理、化学性能外，还必须具有良好的铸造性能。

所谓合金的铸造性能，是指在铸造生产过程中，合金铸造成形的难易程度。容易获得完整的外形、内部无缺陷的铸件，其铸造性能就好。合金的铸造性能是一个复杂的综合性能，通常用流动性、充型能力、收缩性、吸气性和氧化性来衡量。

影响铸造性能的因素很多，除合金元素的化学成分外，还有工艺因素等。因此，掌握合金的铸造性能，采取合理的工艺措施，可以防止铸造缺陷，提高铸件质量。

1. 合金的流动性

流动性是指金属液本身的流动能力。流动性好坏影响到金属液的充型能力。

（1）流动性对铸件质量的影响

流动性好的金属，浇注时金属液容易充满铸型的型腔，能够获得轮廓清晰、尺寸精确、薄而形状复杂的铸件，还有利于金属液中夹杂物和气体的上浮排出。相反，金属的流动性差，则铸件易出现冷隔、浇不到、气孔、夹渣等缺陷。

（2）螺旋形流动性试样

铸造合金流动性的好坏，通常以螺旋形流动性试样的长度来衡量。将合金液浇入图4-2所示的螺旋形试样的铸型中，在相同的铸型及浇注条件下，得到的螺旋形试样越长，表示该合金的流动性越好。

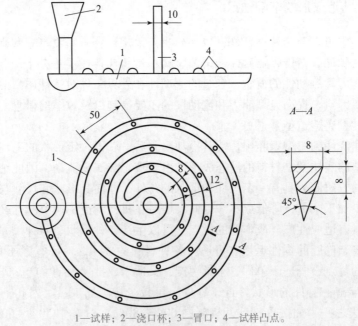

1—试样；2—浇口杯；3—冒口；4—试样凸点。

图4-2　螺旋形流动性试样

不同种类合金的流动性差别较大，铸铁和硅黄铜的流动性最好，铝硅合金次之，铸钢最差。在铸铁中，流动性随碳、硅含量的增加而提高。同类合金的结晶温度范围越小，结晶时固液两相区越窄，对内部液体的流动阻力越小，合金的流动性越好。表4-1所列为常用铸造合金的流动性。

表4-1　常用铸造合金的流动性

合金		铸型	浇注温度/℃	螺旋线长度/mm
灰铸铁	$w(C+Si)=6.2\%$	砂型	1 300	1 800
	$w(C+Si)=5.9\%$	砂型	1 300	1 300
	$w(C+Si)=5.2\%$	砂型	1 300	1 000
	$w(C+Si)=4.2\%$	砂型	1 300	600
铸钢 $w(C)=0.4\%$		砂型	1 600	100
			1 400	200
铝硅合金		金属型	680~720	700~800

（3）影响流动性的因素

流动性好的合金，充型能力强，易得到形状完整、轮廓清晰、尺寸准确、薄而复杂的铸件。流动性好，还有利于合金液中的气体、非金属夹杂物的上浮与排除，有利于补充铸件凝固过程中的收缩。流动性不好，则铸件容易产生气孔、夹渣以及缩孔、缩松等铸造缺陷。影响合金流动性的因素主要有：

①合金的种类。

合金的流动性与合金的熔点、热导率、合金液的黏度等物理性能有关。如铸钢熔点高，在铸型中散热快、凝固快，其流动性差。

②合金的成分。

同种合金中，成分不同的铸造合金具有不同的结晶特点，对流动性的影响也不相同。纯金属和共晶合金是在恒温下进行结晶，结晶时从表面向中心逐层凝固，凝固层的表面比较光滑，对尚未凝固金属的流动阻力小，故流动性好。特别是共晶合金，熔点最低，因而流动性最好；亚共晶合金在一定温度范围内结晶，其结晶过程是在铸件截面上一定的宽度区域内同时进行的，在结晶区域中，既有形状复杂的枝晶，又有未结晶的液体。复杂的枝晶不仅阻碍熔融合金的流动，而且使熔融合金的冷却速度加快，因此流动性差。结晶区间越大，流动性越差。

③杂质。

熔融合金中出现的固态夹杂物，将使液体的黏度增加，合金的流动性下降。如灰铸铁中锰和硫，多以 MnS 的形式悬浮在铁液中，阻碍铁液的流动，使流动性下降。

④含气量。

熔融合金中的含气量越少，合金的流动性越好。

⑤浇注工艺条件。

提高浇注温度可改善金属的流动性。浇注温度越高，金属保持液态的时间越长，其黏度也越小，流动性也就越好。因此，适当提高浇注温度是改善流动性的工艺措施之一。

2. 液态合金的充型能力

熔融合金充满型腔，形成轮廓清晰、形状完整的铸件的能力叫作液态合金的充型能力。影响液态合金充型能力的因素有两个：一是合金的流动性；二是外界条件。

影响充型能力的外界因素有浇注条件、铸型条件和铸件结构等。这些因素主要是通过影响合金与铸型之间的热交换条件，从而改变合金液的流动时间，或是通过影响合金液在铸型中的动力学条件，从而改变合金液的流动速度来影响合金充型能力的。如果能够使合金液的流动时间延长，或加快流动速度，就可以改善合金液的充型能力。

（1）浇注条件

①浇注温度。

浇注温度对合金的充型能力有决定性影响。在一定浇注温度范围内，浇注温度高，液态合金所含的热量多，在同样冷却条件下，保持液态的时间长，流动性就好。浇注温度越高，合金的黏度越低，传给铸型的热量多，保持液态的时间延长，流动性好，充型能力强。因此，提高浇注温度是改善合金充型能力的重要措施。但浇注温度超过某一界限后，由于合金吸气多，氧化严重，流动性反而降低。合金吸气量和总收缩量的增大，增加了铸件产生其他缺陷的可能性（如缩孔、缩松、黏砂、晶粒粒大等）。因此，每种合金均有一定的浇注温度范围，在保证流动性足够的条件下，浇注温度应尽可能低些。

②充型压力。

熔融合金在流动方向上所受的压力越大，充型能力越好。砂型铸造时，充型压力是由直浇道的静压力产生的，适当提高直浇道的高度，可提高充型能力。但过高的砂型浇注压力，易使铸件产生砂眼、气孔等缺陷。在低压铸造、压力铸造和离心铸造时，因人为加大了充型压力，故充型能力较强。

③浇注系统的结构。

浇注系统的结构越复杂，流动的阻力就越大，流动性就越低。因此，在设计浇注系统时，要合理布置内浇道在铸件上的位置，选择恰当的浇注系统结构。

（2）铸型条件

铸型的蓄热系数、温度以及铸型中的气体等均影响合金的流动性。如液态合金在金属型中比在砂型中的流动性差；预热后温度高的铸型比温度低的铸型流动性好；型砂中水分过多，其流动性差等。

①铸型的蓄热能力。

铸型的蓄热能力表示铸型从熔融合金中吸收并传出热量的能力。铸型材料的比热和热导率越大，对熔融合金的冷却作用越强，合金在型腔中保持流动的时间越短，合金的充型能力越差。

②铸型温度。

浇注前将铸型预热，能减小铸型与熔融合金的温度差，减缓了合金的冷却速度，延长了合金在铸型中的流动时间，合金充型能力提高。

③铸型中的气体。

浇注时，因熔融金属合金在型腔中的热作用而产生大量气体。如果铸型的排气能力差，则型腔中气体的压力增大，阻碍熔融合金的充型。铸造时，除应尽量减少气体的来源外，应增加铸型的透气性，并开设出气口，使型腔及型砂中的气体顺利排出。

（3）铸件结构

当铸件壁厚过小、厚薄部分过渡面多、有大的水平面等结构时，都使合金液的流动困难。因此，在进行铸件结构设计时，铸件的形状应尽量简单，壁厚应大于规定的最小壁厚。对于形状复杂、薄壁、散热面大的铸件，应尽量选择流动性好的合金或采取其他相应措施。

3. 合金的收缩

铸件在凝固和冷却过程中，其体积减小的现象称为收缩。合金的收缩量通常用体收缩率和线收缩率来表示。合金从液态到常温的体积改变量称为体收缩，合金在固态由高温到常温的线性尺寸改变量称为线收缩。铸件的收缩与合金成分、温度、收缩系数、相变体积改变等因素有关，除此之外，还与结晶特性、铸件结构以及铸造工艺等有关。铸造合金收缩要经历三个相互联系的收缩阶段，即液态收缩、凝固收缩和固态收缩。

（1）收缩三阶段

液态收缩：合金从浇注温度冷却至开始凝固（液相线）温度之间的收缩。合金液的过热度越高，液态收缩越多。

凝固收缩：合金从开始凝固至凝固结束（固相线）温度之间的收缩。结晶温度范围越宽，凝固收缩越多。

固态收缩：合金在固态下，冷却至室温的收缩。

液态收缩和凝固收缩表现为合金体积的缩减，即体现为"体收缩"。固态收缩是金属在固态下由于温度的降低而发生的体积和尺寸缩减，固态收缩虽然也导致体积的缩减，但是通常用铸件的尺寸缩减量来表示，即体现为"线收缩"。

液态收缩和凝固收缩一般表现为铸型空腔内金属液面的下降，是铸件产生缩孔或缩松的基本原因。固态收缩将使铸件形状、尺寸发生变化，是产生铸造应力，导致铸件变形，甚至产生裂纹的主要原因。

常用的金属材料中，铸钢收缩最大，有色金属次之，灰口铸铁最小。灰口铸铁收缩小是因为析出石墨而引起体积膨胀。

（2）影响收缩的因素

合金总的收缩为液态收缩、凝固收缩和固态收缩三个阶段收缩之和，它与合金本身的化学成分、温度以及铸型条件、铸件结构等因素有关。

①合金的种类和化学成分。

合金的种类和化学成分不同，其收缩率不同，铁碳合金中灰铸铁的收缩率小，铸钢的收缩率大。表4-2所列为常用铸造合金的线收缩率。

表4-2　常用铸造合金的线收缩率　　　　　　　　%

合金种类	灰铸铁	球墨铸铁	铸钢	硅铝合金	普通黄铜	锡青铜
自由收缩率	0.7~1.0	1.0	1.6~2.3	1.0~1.2	1.8~2.0	1.4
受阻收缩率	0.5~0.9	0.8	1.3~2.0	0.8~1.0	1.5~1.7	1.2

②浇注温度。

浇注温度主要影响液态收缩。浇注温度升高，使液态收缩率增加，则总收缩量相应增大。为了减少合金液态收缩及氧化吸气，并且兼顾流动性，浇注温度一般控制在高于液相线温度 50 ~ 150 ℃。

③铸件结构与铸型条件。

铸件的收缩并非自由收缩，而是受阻收缩。其阻力来源于两个方面：一是铸件壁厚不均匀，各部分冷速不同，收缩先后不一致，从而相互制约，产生阻力；二是铸型和型芯对收缩的机械阻力。铸件收缩时受阻越大，实际收缩率就越小。因此，在设计和制造模样时，应根据合金种类和铸件的受阻情况，采用合适的收缩率。

4. 合金的吸气性

（1）气体来源

铸件中的气体一般来源于合金的熔炼过程、铸型和浇注过程三个方面。

熔炼过程中气体主要来自各种炉料的锈蚀物、炉衬、工具、熔剂及周围气氛中的水分、氮气、氧气等。

铸型中的气体主要来自型砂中的水分，即使是烘干的铸型，浇注前也会吸收水分，并且其中的黏土在金属液的热作用下，结晶水还会分解。此外，有机物的燃烧也会产生大量气体。

浇注过程的气体主要来自浇包未烘干，当接触金属液时，便产生气体；铸型浇注系统设计不当会卷入气体；铸型透气性差，引起气体进入型腔。另外，由于浇注速度控制不当，或型腔内气体不能及时排除，当温度急剧上升、气体体积膨胀使型腔内压力增大时，也会使气体进入合金液而增加合金中的气体含量。

（2）气体种类及存在形态

铸件中存在的气体主要是氢气和氧气，其次是氮气，以及一氧化碳和二氧化碳等。气体在铸件中的存在形态主要有固溶体、化合物和气态三种。

当气体以原子态溶解于金属中时，则以固溶体形态存在；当气体与金属中某些元素的亲和力大时，气体就与这些元素形成化合物，此时以化合物形态存在。例如，铸钢、铸铁件中的氧主要以氧化物、硅酸盐和成分复杂的硫氧化合物等夹杂物形态存在；若气体以分子状态聚集成气泡存在于合金中，则以气态形式存在。因此，其中存在氢的铸件，以及脱氧不完全的钢的铸件和含氧较高的钢的铸件易产生气孔，这是由于氢、氧在合金中的含量超过其溶解度，以分子状态（即气泡形态）存在于合金中，若凝固前气泡来不及排除，便在铸件中产生气孔。

知识点 2. 常用铸造方法

阅读引导：掌握常用的铸造方法有哪些，并能够正确选择合适的铸造方法。

掌握砂型铸造过程、方法、特点及应用，了解熔模铸造、金属型铸造、低压铸造、压力铸造和离心铸造等特种铸造方法的工艺过程、特点及应用。

铸造分为砂型铸造和特种铸造两大类。砂型铸造是适用性最广的一种凝固成形方法，它几乎适用于所有零部件生产，目前我国砂型铸件约占铸件产量的 60% ~ 70%。一方面，由于砂型的导热系数较低，液态金属在砂型中的凝固速度较慢，特别是对一些壁厚较大的铸件，导致铸件内部晶粒粗大，易于产生组织及成分的偏析等，从而降低了材料的力学性能。另一方面，砂型铸造生产的铸件的表面粗糙度较其他凝固成形方法的高。特种铸造是除砂型铸造以外其他铸造方法的总称。常用的特种铸造方法有金属型铸造、压力铸造、熔模铸造、离心铸造、消失模铸造等。特种铸造一般具有铸件质量好或生产率高等优点，具有很好的发展潜力。

2.1 砂型铸造

砂型铸造生产工艺流程如图4-3所示，主要包括以下几个工序：制作模样与芯盒→型砂与芯砂配置→造型、造芯→熔炼、浇注→落砂、清理→检验入库。

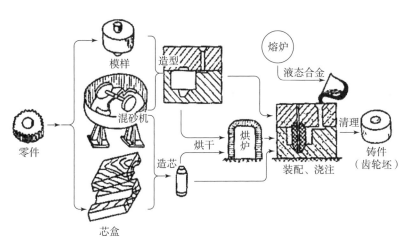

微课：铸造的
工艺流程

图4-3 砂型铸造的生产工艺流程

1. 常用铸件生产用具

（1）砂箱

砂箱是长方形、方形、圆形的坚实框子，有时根据铸件结构，做成特殊形状。砂箱的作用是牢固地围紧所春实的型砂，以便于铸型的搬运及在浇注时承受合金的压力。砂箱可以用木材、铸铁、钢、铝合金制成，一般由上箱和下箱组成一对砂箱，并用销子定位，如图4-4所示。

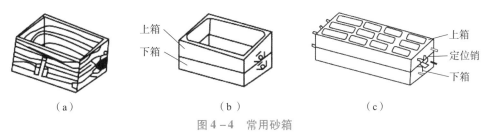

图4-4 常用砂箱
（a）可拆砂箱；（b）无挡砂箱；（c）有挡砂箱

（2）工具
常用工具如图4-5所示。

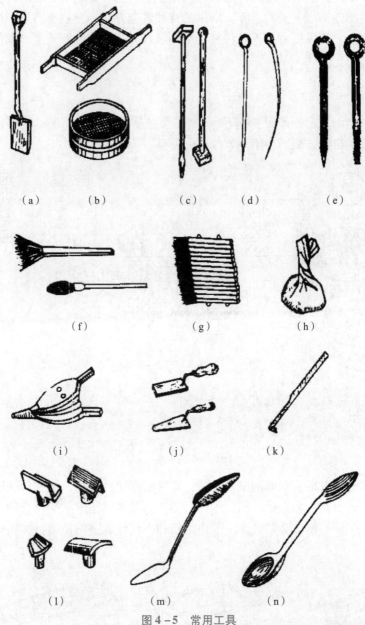

图 4 – 5　常用工具

(a) 铁铲；(b) 筛子；(c) 砂舂；(d) 通气针；(e) 起模针、起模钉；
(f) 掸笔；(g) 排笔；(h) 粉袋；(i) 皮老虎；(j) 铲刀；(k) 提钩；
(1) 成型镘刀；(m) 压勺；(n) 双头铜勺

2. 模样和芯盒

模样和芯盒是用来造型和造芯的基本工艺装备。它和铸件的外形相适应；芯盒用于制造芯（芯子），其内腔与芯子的形状及尺寸相适应。在单件或小批量生产时，模样和芯盒可用木材制作；大批、大量生产时，可用铝合金、塑料等材料制作。

3. 造型材料

造型材料是指用于制造砂型（芯）的材料，包括型砂和芯砂。

型（芯）砂是由原砂、黏结剂、水及其他附加物（如煤粉、重油、木屑等）经混制而成，根据黏结剂的种类不同，可分为黏土砂、水玻璃砂、树脂砂等。根据铸造工艺要求，将上述各种材料按一定配比混制后，便成为砂型铸造所需的型（芯）砂，其质量直接影响到铸件的质量。质量差的型砂，易使铸件产生气孔、砂眼、黏砂、夹渣和裂纹等缺陷。这是由于在砂型铸造中，当高温液态金属浇入铸型后，金属与铸型间存在大的温度差而发生强烈的热交换作用，其结果使铸型温度不断升高，铸型中的水分发生迁移，并使铸型产生大的温度梯度和水分梯度，从而使铸型各部分的强度发生变化。若在金属表面结构具有足够强度的硬壳之前，在铸型的型腔内、外层发生分离或表层掉砂，将会导致铸件中产生夹砂或表面缩沉等缺陷。

液态金属对铸型的热作用，还会使铸型中的各种附加物和有机物发生化学反应，产生气体和氧化物，从而可能使铸件产生气孔、氧化和夹渣等缺陷。例如，铝合金在通常的浇注温度下，铝与水汽会发生化学反应，产生三氧化二铝和氢气并放出大量热，其结果会导致在铸件中形成夹渣和气孔等缺陷，并使铸件进一步氧化。

此外，在浇注过程中，液态金属除对铸型产生冲刷和静压力作用外，金属与铸型间的这种机械作用可能会使铸件产生砂眼、裂纹和尺寸超差等缺陷。

根据液态金属和铸型的相互作用可见，用于制造砂型（芯）的型砂和芯砂的性能优劣直接影响到铸件的质量。型（芯）砂的性能主要有强度、耐火性、透气性、化学稳定性、退让性和工艺性能等。

造型材料的性能主要有：

①足够的强度，以保证砂型在制造、搬运过程中不至于变形毁坏。

②较高的耐火性，以防止在高温金属液的冲刷下，型砂出现软化、熔化，导致型砂黏附在铸件的表面产生黏砂，使切削加工困难，甚至造成废品。

③良好的透气性，使铸型中的气体顺利排除，防止铸件中形成气孔。

④较好的退让性，以减少对铸件收缩的阻碍，减小铸造内应力。

砂芯处于金属液体的包围之中，其工作条件较型砂更恶劣，因此对芯砂的性能要求比型砂的高。

4. 造型和造芯

砂型主要用于形成铸件的外形。制造砂型的过程称为造型。根据生产性质不同，造型方法可分别采用手工造型或机械造型。

（1）手工造型

手工造型全部用手工或手动工具完成。造型工序根据铸件的形状特点，可采用整模造型、分模造型、活块造型、挖砂造型、假箱造型、刮板造型等。造型方法的选择具有较大的灵活性，应根据铸件的结构特点、生产批量及车间的具体条件确定最佳方案。

整模造型：模样是整体结构，最大截面在模样一端且是平面，分型面多为平面。铸型型腔全部在半个铸形内，操作简单，铸件不会产生错型缺陷。整模造型适用于简单形状的铸件。

分模造型：将模样外形的最大截面分成两半，型腔位于上、下两个砂箱内。分模造型适用于形状较复杂的铸件。

活块造型：模样上可拆卸或活动的部分叫活块。为了起模方便，将模样上妨碍起模的部分做成活块。起模时，先起出主体模样，再单独取出活块。

挖砂造型：模样是整体的，分型面为曲面，为了便于起模，造型时用手工挖去阻碍起模的型砂，每造一型，需挖砂一次，生产率低，要求操作技术水平高。挖砂造型适用于形状复杂铸件的单件生产。

假箱造型：为了克服挖砂造型的挖砂缺点，在造型前预先做个底胎，然后在底胎上制下箱，因底胎不参加浇注，故称假箱。假箱造型比挖砂造型操作简单，并且分型面整齐。

刮板造型：刮板造型可以降低模样成本，节约木材，缩短生产周期，但要求操作者技术水平高。其中的车板造型适用于有等截面或回转体的铸件，导向刮板造型适用于各种异形铸件。

（2）机械造型

机械造型是用机器全部完成或至少完成紧砂操作的造型工序。机械造型实现了机械化，因而生产率高，铸件质量好。但设备投资大，适用于中、小型铸件的批量生产。

机械造型按紧实的方式不同，分为压实造型、震压造型、抛砂造型和射砂造型等方式。目前我国仍以震压造型应用最多。

图4-6所示为震压造型机工作原理。压缩空气进入进气口，振击活塞推动工作台上移，并关闭进气口，工作台在惯性作用下继续上升，打开左侧的排气口，使工作台下落，产生振动，如此反复进行振击，使型砂紧实；然后压缩空气从进气口进入压实气缸，使压实活塞推动工作台上移，将型砂压实。

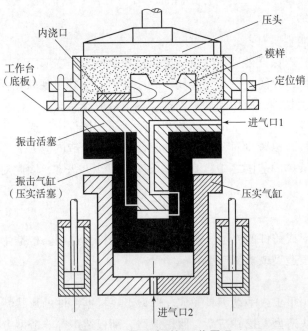

图4-6　震压造型机工作原理

震压造型机适用于中小型铸件，主要优点是结构简单、价格低，但噪声大、生产率低、铸型的紧实度不高。

型砂紧实以后，就要从型砂中正确地将模样起出，使砂箱内留下完整的型腔。造型机大都装有起模机构，其动力也多半是应用压缩空气。目前应用广泛的起模机构有顶箱起模、漏模起模和翻箱起模三种形式。

（3）造芯

芯的作用是形成铸件的内腔或局部外形。制芯也可分为手工造芯和机械造芯。

将铸型的各组元（上砂型、下砂型、型腔、砂芯等）组合成一个完整的铸型便可用于浇注。

5. 熔炼与浇注

熔炼是使金属由固态转变成熔融状态的过程。熔炼的主要任务是提供化学成分和温度合适的熔融金属。

铸铁的熔炼设备主要有冲天炉、感应电炉等。冲天炉熔炼是熔炼铸铁最常用的方法。炉料有金属料、燃料和熔剂三部分，金属料包括高炉生铁、回炉料、废钢和铁合金等，各组分按一定的比例配制，以保证铸件化学成分的要求。

冲天炉的结构如图4-7所示。

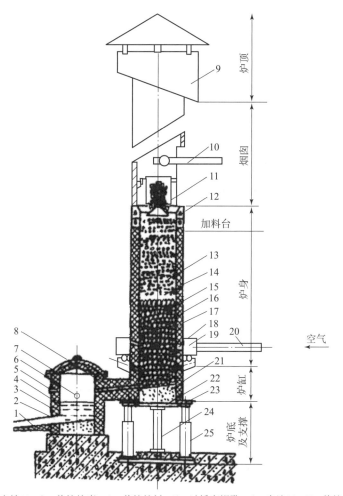

1—铁槽；2—出铁口；3—前炉炉壳；4—前炉炉衬；5—过桥窥视孔；6—出渣口；7—前炉盖；8—过桥；
9—火花捕集器；10—加料机械；11—加料桶；12—铸铁砖；13—层焦；14—金属炉料；15—底焦；16—炉衬；
17—炉壳；18—风口；19—M 箱；20—进风口；21—炉底；22—炉门；23—炉底板；24—炉门支撑；25—炉腿。

图 4 - 7　冲天炉的结构

按照炉衬材料化学特性，把冲天炉分为酸性冲天炉和碱性冲天炉两种。酸性冲天炉是用酸性氧化物（如硅砂）作炉衬材料，具有较强的抗酸性渣侵蚀的能力。炉衬材料价格较低，来源广泛，目前大多数工厂都采用酸性冲天炉。碱性冲天炉是以碱性氧化物（如镁砂）作为炉衬材料，它在高温条件下具有较强的去硫、磷能力，可以获得低硫、磷的金属液。由于碱性炉衬材料价格较高，使用寿命较短，因此使用碱性冲天炉的工厂很少。

冲天炉按照炉膛形状和送风方式不同，分为直筒形三排大风口冲天炉、曲线炉膛多排小风口热风冲天炉、大排距风口冲天炉、多排交叉风口冲天炉等类型。

采用工业频率（50 Hz）的交流电进行熔化的感应炉称为工频感应炉。在工频感应炉中，电流通入感应线圈，使炉膛中的炉料内部产生感应电动势并形成电涡流，产生热量，使金属块料熔化。其结构如图4-8所示。

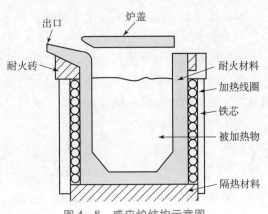

图4-8　感应炉结构示意图

金属液应在一定的温度范围内按规定的速度注入铸型。通常铸铁液浇注温度为液相线以上200 ℃，还应根据合金的种类、铸造性能、铸件壁厚、铸型材料等确定。通常铸铁的浇注温度为1 250～1 470 ℃。若浇注温度过高，金属液吸气多、体收缩大、对铸型的热作用大，铸件容易产生气孔、缩孔、黏砂等缺陷；若浇注温度过低，金属液的流动性差，铸件易产生浇不到、冷隔的缺陷，甚至在浇注过程中出现断流。

浇注时，铸铁液应以适宜的流量和线速度定量地浇入铸型。浇注速度过快，铸型中的气体来不及排出，易产生气孔，并易形成冲砂；浇注速度过慢，使型腔表面烘烤时间过长，导致砂层相继脱落，产生结疤、夹砂等缺陷。

浇注时，既可采用手工浇注，也可采用自动浇注。

6. 落砂、清理、检验

落砂是指用手工或机器使铸件与型砂、砂箱分开的操作。落砂一般应在铸件适当冷却后进行。落砂时间过早，可能导致铸件的冷速过快，使灰铸铁件的表层出现白口组织，难以切削加工；落砂时间过晚，则可能由于收缩应力大，使铸件产生裂纹，因此，浇注后应适时进行落砂。

清理是采用滚筒、喷丸抛丸等方法清除芯砂及铸件表面黏砂，并切除铸件上多余金属（包括浇冒口、飞翅和氧化皮）的过程。

铸件外观检验常采用宏观法，就是用肉眼或借助尖嘴锤找出铸件表层或皮下的铸造缺陷，如气孔、砂眼、黏砂、缩孔、冷隔、浇不到等；对铸件内部的缺陷以及铸件的成分、组织和性能，还可采用压力试验磁粉探伤超声波探伤，以及金相检验、力学性能试验等方法检测。

2.2　特种铸造

与砂型铸造不同的其他铸造方法统称为特种铸造。各种特种铸造方法均有其突出的特点和一定的局限性，下面简要介绍常用的特种铸造方法。

1. 熔模铸造

用易熔材料如蜡料制成模样，在模样上包覆若干层耐火涂料，制成型壳，制出模样后，经高温焙烧即可浇注的铸造方法称为熔模铸造。熔模铸造可用蜡基模料，也可用松香基模料、塑料和盐基模料等，如塑料聚苯乙烯模、尿素模。

熔模铸造是一种精密铸造方法。熔模铸造的特点：熔模铸造属于一次成型，无分型面，型壳内表面光洁，耐火度高，可以生产尺寸精度高和表面质量好的铸件，可实现少切削或无切削加工；适应各种铸造合金，尤其适合铸造高熔点、难切削加工和用其他加工方法难以成形的合金，如耐热合金、磁钢、不锈钢等；可生产形状复杂的薄壁铸件，最小壁厚可达 0.5 mm，最小铸孔直径达 0.7 mm。而随着工艺的不断改进，最小铸出尺寸还在不断减小；熔模铸造工艺过程复杂，工序多，生产周期长（4～15 天），生产成本高。由于熔模易变形、型壳强度不高等原因，熔模铸件的质量一般在 25 kg 以内。因此，熔模铸造主要用来生产形状复杂、熔点高、难以切削加工的小型零件。

2. 金属型铸造

将熔融金属浇入金属铸型而获得铸件的方法称为金属型铸造。与砂型不同的是，金属型铸造可以反复使用，故金属型铸造又称"永久型铸造"。

按金属型的结构形式分，金属型分为整体式、水平分形式、垂直分形式、复合分形式等。其中，垂直分形式由于便于开设内浇道、取出铸件和易实现机械化而应用较多。金属型一般用铸铁或铸钢制造，型腔采用机加工的方法制成，不妨碍抽芯的铸件内腔可用金属芯获得，复杂的内腔多采用砂芯。

金属型复用性好，实现了"一型多铸"，可节省大量造型材料和工时，提高了劳动生产率；金属型导热性能好，散热快，使铸件结晶致密，提高了力学性能；铸件尺寸精确，切削加工余量小，节约原材料和加工费用；金属型生产成本高，周期长，铸造工艺要求严格，不适于单件、小批量生产。金属型的冷却速度快，不宜铸造形状复杂和大型薄壁件。金属型铸造主要用于大批量生产的、形状简单的有色金属件。

金属型导热快，无退让性和透气性，铸件容易产生浇不足、冷隔、裂纹、气孔等缺陷。此外，在高温金属液的冲刷下，型腔易损坏。为此，需要采取如下工艺措施：

浇注前要对金属型进行预热，在使用过程中，为防止铸型吸热升温，还必须用散热装置来散热。金属型应保持合理的工作温度，铸铁件 250～300 ℃，有色金属件 100～250 ℃。喷刷涂料，其目的是防止高温的熔融金属对型壁直接进行冲击，保护型腔。利用涂层厚薄，可调整和减缓铸件各部分冷却速度，提高铸件的表面质量，涂料一般由耐火材料（石墨粉、氧化锌、石英粉等）、水玻璃黏结剂和水制成。涂料层厚度为 0.1～0.5 mm；掌握好开型时间，为防止铸件产生裂纹和白口组织，通常铸铁件出型温度为 780～950 ℃，开型时间为 10～20 s。

3. 压力铸造

熔融金属在高压下高速充型，并在压力下凝固的铸造方法称为压力铸造，简称压铸。压铸时所用的压力高达数十兆帕，其速度为 5～40 m/s，熔融金属充满铸型的时间为 0.01～0.2 s。高压和高速是压铸区别于一般金属型铸造的重要特征。

压铸是通过压铸机完成的，图4-9所示为立式压铸机的工作过程。合型后把金属液浇入压室，压射活塞向下推进，将液态金属压入型腔，保压冷凝后，压射活塞退回，下活塞上移顶出余料，动型移开，利用顶杆顶出铸件。

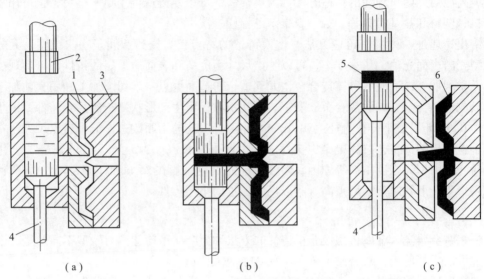

（a）　　　　　　　　　　（b）　　　　　　　　　　（c）

1—定型；2—压射活塞；3—动型；4—T形活塞；5—余料；6—压铸件。

图4-9　立式压铸机的工作过程

压铸件尺寸精度高，表面质量好，一般不需要机加工就能直接使用；压力铸造在快速、高压下成型，可压铸出形状复杂、轮廓清晰的薄壁精密铸件；铸件组织致密，力学性能好，其强度比砂型铸件提高25%~40%；生产率高，劳动条件好；设备投资大，铸型制造费用高，周期长。

压力铸造主要用于大批量生产低熔点合金的中小型铸件，如铝、锌、铜等合金铸件。

4. 低压铸造

在一个盛有液态金属的密封坩埚中，由进气管通入干燥的压缩空气或惰性气体，由于金属液面受到气体压力的作用，金属液自下而上地沿升液导管和浇口充满铸型的型腔，保持压力直至铸件完全凝固。消除金属液面上压力后，升液导管及浇口中尚未凝固的金属因重力作用而回流到坩埚，然后打开铸型，取出铸件。低压铸造所用压力较低（一般低于0.1 MPa），设备简单，充型平稳，对铸型的冲刷力小。铸型可用金属型，也可用砂型。铸件在压力下结晶，组织致密，质量较高，广泛应用于铝合金、铜合金及镁合金铸件，如发动机的气缸盖、曲轴、叶轮、活塞等。

5. 离心铸造

离心铸造是将熔融金属浇入绕水平、倾斜或立轴旋转的铸型，在离心力作用下，凝固成形的铸造方法。其铸件的轴线与旋转铸型轴线重合。铸件多是简单的圆筒形，不用型芯即可形成圆筒内孔。

离心铸造使用的离心铸造机如图4-10所示。根据铸型旋转轴空间位置不同，离心铸造机可分为立式和卧式两大类。立式离心铸造机的铸型绕垂直轴旋转，由于离心力和液态金属本身重力的共同作用，使铸件的内表面为一回转抛物面，造成铸件上薄下厚，而且铸件越高，壁厚差越大，因此，它主要用于生产高度小于直径的圆环类铸件。卧式离心铸造机的铸型绕水平轴旋转，由于铸件各部分冷却条件相近，因此铸件壁厚均匀，适用于生产长度较大的管、套类铸件。

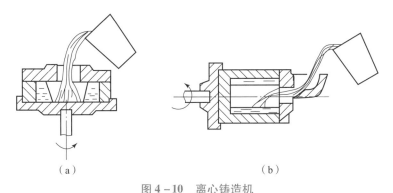

图 4-10 离心铸造机

（a）立式离心铸造机；（b）卧式离心铸造机

离心铸造的特点：不需要型芯就可直接生产筒、套类铸件，使铸造工艺大大简化，生产率高、成本低；在离心力作用下，金属从外向内定向凝固，铸件组织致密，无缩孔、缩松、气孔、夹杂等缺陷，力学性能好；不需要浇口、冒口，金属利用率高；便于生产双金属铸件。例如，钢套镶铜轴承，其接合面牢固，又节省铜料、降低成本；离心铸造的铸件易产生偏析，不宜铸造偏析倾向大的合金；内孔尺寸不精确，内表面粗糙度值高，加工余量大；不适宜单件、小批量生产。目前，离心铸造已广泛用于制造铸铁管、气缸套铜套、双金属轴承、特殊的无缝管坯、造纸机滚筒等。

知识点 3. 铸件的结构设计

阅读引导：在设计铸件结构时，不仅应考虑到能否满足铸件的使用性能和力学性能需要，还应考虑铸造工艺和所选用合金的铸造性能对铸件结构的要求。铸件结构的工艺性好坏，对铸件的质量、生产率及其成本有很大影响。铸件的结构如果不能满足合金铸造性能的要求，就可能产生浇不足、冷隔、缩松、气孔、裂纹和变形等缺陷。

熟悉铸造工艺和合金铸造性能对铸件结构设计的要求，能进行铸件结构工艺性分析。

进行铸件结构设计，不仅要保证其工作性能和机械性能要求，还必须考虑铸造工艺和合金铸造性能对铸件结构的要求，使铸件的结构与这些要求相适应，使这些铸件具有良好的工艺性，以便保证铸件质量，降低生产成本，提高生产率。

微课：铸件的结构设计

3.1 铸件的外形

铸件的外形应尽量采用规则的易加工平面和圆柱面，面与面之间尽量采用垂直连接，避免不规则曲面，以便于制模和造型。

①铸件上的凸台不应妨碍起模，以减少活块，如图 4-11 所示。

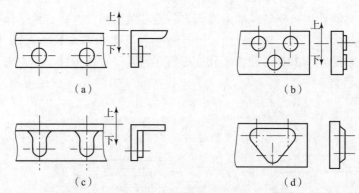

图 4 - 11　避免或减少活块

②铸件应避免外部侧凹，以减少分型面，如图 4 - 12 所示。

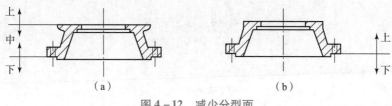

图 4 - 12　减少分型面
（a）改进前；（b）改进后

③设计结构斜度，以便于起模，如图 4 - 13 所示。

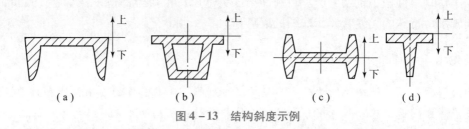

图 4 - 13　结构斜度示例

④铸件结构应有利于自由收缩，以防裂纹，如图 4 - 14 所示。

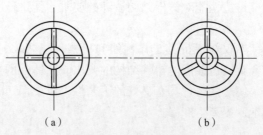

图 4 - 14　轮辐设计方案

⑤避免过大水平面，以防铸造缺陷。

过大平面不利于金属液填充，易产生浇不到和冷隔；大平面铸型受金属液的高温烘烤使型砂拱起，易产生夹砂。将大的水平面改为倾斜面，可防止上述缺陷的产生。

3.2　铸件的孔和内腔

铸件上的孔和内腔大都是用型芯来形成的。应尽量减少型芯数量，简化铸造工艺，防止偏芯、气孔等铸造缺陷。

①减少型芯数量，如图 4-15 所示。

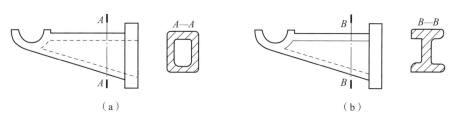

（a）　　　　　　　　　　　　　　　　　（b）

图 4-15　悬臂支架

（a）不合理；（b）合理

②便于型芯的固定、排气和铸件清理，如图 4-16 所示。

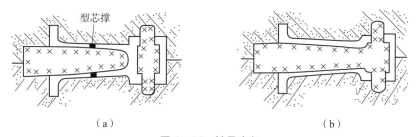

型芯撑

（a）　　　　　　　　　　　　　　　　　（b）

图 4-16　轴承支架

（a）不合理；（b）合理

3.3　铸件的壁厚与壁间连接

为减少铸造内应力，铸件的壁厚应尽量均匀、合理，壁间连接应平滑过渡。

1. 壁厚应均匀，避免"热节"

铸件各部分壁厚相差过大，不仅容易在较厚处产生缩孔、缩松，还会使各部位冷速不均，产生较大的铸造内应力，造成铸件开裂。可采用加强肋或工艺孔等措施使铸件壁厚均匀。图 4-17 所示为使铸件壁厚均匀的设计例子。

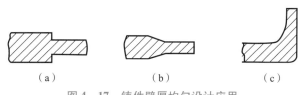

（a）　　　　　　　　（b）　　　　　　　　（c）

图 4-17　铸件壁厚均匀设计应用

（a）不合理；（b）（c）合理

2. 壁的厚度应合理

铸件的壁不宜太薄，否则，浇注时金属液在狭窄的型腔内流动受到阻碍，易产生浇不到、冷隔等缺陷。在一定的铸造条件下，铸造合金能充满铸型型腔的最小厚度称为该合金的"最小壁厚"。铸件的最小壁厚与合金的种类及成分有关，还与铸件尺寸大小有关。

砂型铸件的最小壁厚见表4-3。

表4-3　砂型铸件的最小壁厚　　　　　　　　mm

铸件最大轮廓尺寸	灰铸铁	球墨铸铁	可锻铸铁	铸钢	铸铝合金	铸造锡青铜	铸造黄铜
<200	3~4	3~4	2.5~4.5	8	3~5	3~6	≥8
200~400	4~5	4~8	4~5.5	9	5~6	8	≥8
400~800	5~6	8~10	5~8	11	6~8	8	≥8

铸件的壁厚也不宜过大，否则，由于铸件冷却过慢，使晶粒粗大，且易产生缩孔、缩松等缺陷，使性能下降，因此不能靠无节制地增大铸件的壁厚来提高承载能力。可采取在铸件的薄弱处增设加强肋的方法来提高铸件的强度和刚度，如图4-18所示。因此，铸件的壁厚应小于"临界壁厚"。砂型铸造铸件的临界壁厚约取最小壁厚的3倍。

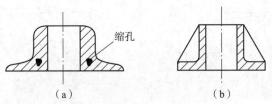

图4-18　铸件加强肋的应用
(a) 不合理；(b) 合理

3. 铸件的壁间连接、交叉应合理

铸件壁与壁的连接处应设有结构圆角，避免直角或锐角连接，以免造成应力集中而产生裂纹。如结构上确有要求厚、薄壁相连时，应采取逐步过渡的方法，避免尺寸突变，以防产生铸造内应力和出现应力集中；壁与壁应避免十字形交叉，交叉密集处金属液集聚较多，产生热节后易出现缩孔等铸造缺陷，可改为交错接头或环形接头，如图4-19所示。

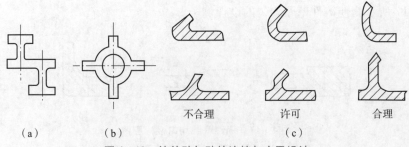

图4-19　铸件壁与壁的连接与交叉设计
(a) 交错接头；(b) 环形接头；(c) 两壁夹角小于90°连接

4. 铸件结构应尽量避免过大的水平壁

浇注时，铸件朝上的水平面易产生气孔、砂眼、夹渣等缺陷。因此，设计铸件时，应尽量减小过大的水平面或采用倾斜的表面，如图4–20（a）所示，采用图4–20（b）所示结构可以避免过大的水平壁。

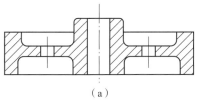
（a）

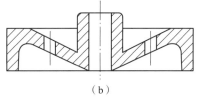
（b）

微课：铸造的
工艺设计

图4–20　防止过大水平壁的措施
（a）不合理；（b）合理

知识点4. 铸造的工艺设计

阅读引导：掌握铸造工艺设计原则及内容。

熟悉铸造浇注系统设计内容，掌握浇注位置和分型面的选择原则，学会铸造工艺参数（加工余量、起模斜度、收缩余量等）的选择，能进行简单的铸造工艺设计。

铸造生产要实现优质、高产、低成本、少污染，必须根据铸件结构的特点、技术要求、生产批量、生产条件等进行铸造工艺设计，确定铸造方案和工艺参数，绘制图样和标注符号，编制工艺卡和工艺规范等。其主要内容包括确定铸件的浇注位置、分型面、浇注系统、加工余量、收缩率、起模斜度和砂芯设计等。

4.1　浇注位置的确定

浇注位置是指浇注时铸件在铸型中所处的空间位置。浇注位置与分型面的选择密切相关，通常分型面取决于浇注位置，选择时既要保证质量，又要简化造型工艺。对一些质量要求不高的铸件，为了简化造型工艺，可以先选定分型面。

浇注位置选择得正确与否，对铸件质量影响很大。选择时应考虑以下原则：

1. 铸件的重要工作面或主要加工面朝下或位于侧面

浇注时，金属液中的气体、熔渣会上浮，气孔、夹渣等缺陷多出现在铸件上表面，而底部或侧面组织致密，缺陷少，质量好。

如图4–21所示，机床床身的导轨面是重要受力面和加工面，浇注时，应将导轨面朝下。这是因为铸件上部凝固速度慢，晶粒较粗大，易在铸件上部形成砂眼、气孔、渣孔等缺陷。铸件下部的晶粒细小，组织致密，缺陷少，质量优于上部。如图4–22所示，伞齿轮齿面质量要求高，采用立浇方案则容易保证铸件质量。个别加工表面必须朝上时，可采用增大加工余量的方法来保证质量要求。

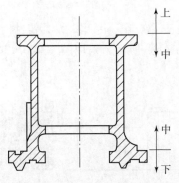

图 4-21　机床床身的导轨面朝下

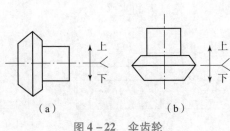

图 4-22　伞齿轮
（a）不合理；（b）合理

2. 铸件的大平面应尽量朝下或倾斜

由于浇注时炽热的金属液对铸型型腔的上部有强烈的热辐射，引起型腔顶面型砂膨胀、拱起甚至开裂，从而造成夹砂、砂眼等缺陷。大平面朝下或采用倾斜浇注的方法可避免产生这类铸造缺陷。图 4-23 所示为平板铸件的浇注位置。

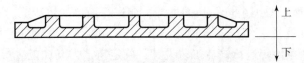

图 4-23　平板铸件的浇注位置

3. 铸件薄壁部分应位于铸型下部或使其处于垂直或倾斜位置

如图 4-24 所示，曲轴箱将薄壁部分置于铸型上部，易产生浇不足、冷隔等缺陷。改为置于铸型下部后，可避免出现缺陷。

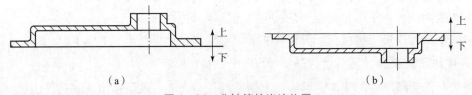

（a）　　　　　　　　　　　　　　　　　　　（b）

图 4-24　曲轴箱的浇注位置
（a）不合理；（b）合理

4. 较厚部分置于上部或侧面

易形成缩孔的铸件，较厚部分置于上部或侧面便于安置冒口，实现自下而上的定向凝固，防止产生缩孔。这对于流动性差的合金尤为重要。如图 4-25 所示的铸钢链轮，厚壁部分在上方，并设置冒口，可保证铸件的充型，防止产生浇不足、冷隔缺陷。

5. 浇注位置应利于减少型芯，便于型芯的安装、固定和排气

通常，型芯用来获得内孔和内腔，有时也用于获得局部外形。但过多采用型芯会使造

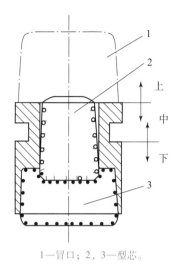

1—冒口；2，3—型芯。

图 4-25 铸钢链轮的浇注位置

型工艺复杂，增加成本，因此，选择浇注位置应有利于减少型芯数目，如图 4-26 所示。

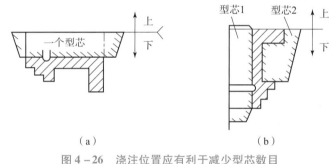

（a）　　　　　　　　　　　　（b）

图 4-26 浇注位置应有利于减少型芯数目

（a）一个型芯（合理）；（b）两个型芯（不合理）

4.2 铸型分型面的选择

铸型时，砂箱与砂箱之间的接合面称为分型面。就同一铸件而言，可以有几种不同的分型方案，应从中选出一种最佳方案。

分型面选择是否合理，对铸件的质量影响很大。选择不当还将使制模、造型、合型，甚至切削加工等工序复杂化。

铸型分型面的选择原则为：便于起模，使造型工艺简化；尽量使铸件的全部或大部分置于同一铸型内，保证铸件精度；尽量使型腔及主要型芯位于下箱。

1. 应尽量使铸件位于同一铸型内

铸件的加工面和加工基准面应尽量位于同一砂箱，避免合型不准而产生错型，从而保证铸件尺寸精度。图 4-27（a）所示的管子堵头是以顶部方头为基准来加工管螺纹的，图 4-27（b）所示分型方案易产生错型，无法保证外螺纹加工精度，故图 4-27（a）合理。

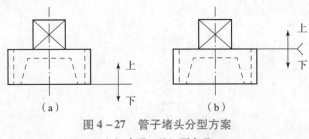

图 4 - 27　管子堵头分型方案

（a）合理；（b）不合理

2. 尽量减少分型面

分型面数量少，既能保证铸件精度，又能简化造型操作。三通铸件分型面的选择如图 4 - 28 所示。

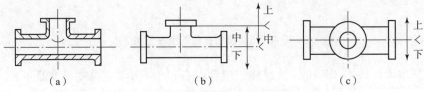

图 4 - 28　三通铸件分型面的选择

（a）零件图；（b）两个分型面；（c）一个分型面

机器造型一般只允许有一个分型面，凡阻碍起模的部位，均采用型芯来减少分型面。图 4 - 29 所示为绳轮铸件分型面的确定。

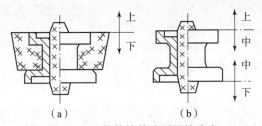

图 4 - 29　绳轮铸件分型面的确定

（a）合理；（b）不合理

3. 分型面尽量平直

平直的分型面可简化造型工艺和模板制造，容易保证铸件精度，这对于机器造型尤为重要。图 4 - 30 所示为起重臂分型面的确定。

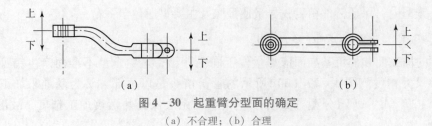

图 4 - 30　起重臂分型面的确定

（a）不合理；（b）合理

4. 尽量使型腔和主要型芯位于下箱

型腔和主要型芯位于下箱，便于下芯、合型和检查型腔尺寸。如图 4 – 31 所示的铸件，若按图 4 – 31（a）所示方式铸型，一方面，不便于检验铸件壁厚，另一方面，合型时还容易碰坏型芯，而采用图 4 – 31（b）所示的方式铸型，既便于造型、下芯、合型，也便于检验铸件壁厚。

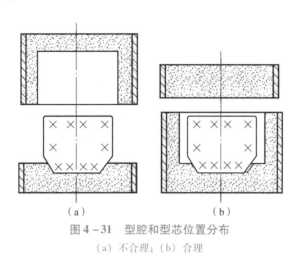

图 4 – 31　型腔和型芯位置分布

（a）不合理；（b）合理

生产中，浇注位置和分型面的选择有时是相互矛盾和相互制约的，这需要根据铸件特点和生产条件综合分析，以确定最佳方案。

4.3　确定工艺参数

在确定某一铸件的铸造工艺时，必须抓主要矛盾，全面综合考虑，在确定了浇注位置及分型面后，还应确定铸件的机械加工余量、拔模斜度、铸件收缩率、浇注系统、冒口的位置及尺寸、型芯头尺寸等。

铸造工艺参数是指铸造工艺设计时需要确定的某些数据，主要指加工余量、起模斜度、铸造收缩率、型芯头尺寸、铸造圆角等。这些工艺参数不仅与浇注位置及模样有关，还与造芯、下芯及合型的工艺过程有关。

在铸造过程中，为了便于制作模样和简化造型操作，一般在确定工艺参数前要根据零件的形状特征简化铸件结构。例如，零件上的小凸台、小凹槽、小孔等可以不铸出，留待以后切削加工。在单件小批量生产条件下，铸铁件的孔径小于 30 mm，凸台高度和凹槽深度小于 10 mm 时，可以不铸出。

1. 加工余量

铸件为进行机械加工而加大的尺寸称为机械加工余量。加工余量的大小要根据铸件的大小、生产批量、合金种类、铸件复杂程度及加工面在铸型中的位置来确定。灰铸铁件表面光滑平整，精度较高，加工余量小；铸钢件的表面粗糙度值大，变形较大，其加工余量比铸铁件要大些；有色金属件由于表面光洁，其加工余量可以小些。机器造型比手工造型精度高，故加工余量小一些。但是加工余量不能随意确定，加工余量过大，浪费金属材料和加工工时，过小则使铸件因残留黑皮而报废。零件上的孔与槽是否铸出，应考虑工艺上的可行性和使用上的必要性。一般来说，较大的孔与槽应铸出，以节约金属、减少切削加工工时，同时可以减小铸件的热节；较小的孔，尤其是位置精度要求高的孔、槽，则不必铸出，采用机加工方法反而更经济。

2. 起模斜度

为使模样容易地从铸型中起出或型芯自芯盒中脱出，平行于起模方向在模样或芯盒壁上的斜度，称为起模斜度。

起模斜度需要增减的数值可按有关标准选取，采用黏土砂造型时的起模斜度可按 JB/T 5105—2022 确定。一般木模的斜度 $\alpha = 0.3° \sim 3°$，$a = 0.6 \sim 3.0$ mm；金属模的斜度 $\alpha = 0.2° \sim 2°$，$a = 0.4 \sim 2.4$ mm。模样越高，斜度越小。当铸件上的孔高度与直径之比小于 1（$H/D < 1$）时，可用自带芯子的方法铸孔，用自带芯子的起模斜度一般应大于外壁斜度。

起模斜度的形式有 3 种，如图 4 - 32 所示。当不加工的侧面壁厚 < 8 mm 时，可采用增加铸件壁厚法；当壁厚为 8 ~ 16 mm 时，可采用加减铸件壁厚法；当壁厚 > 16 mm 时，可采用减小铸件壁厚法。当铸件侧面需要加工时，必须采用增加铸件壁厚法，而且加工表面上的起模斜度，应在加工余量的基础上再给出斜度数值。

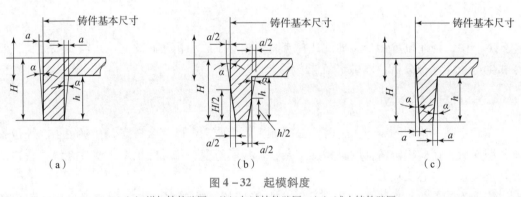

图 4 - 32　起模斜度
（a）增加铸件壁厚；（b）加减铸件壁厚；（c）减小铸件壁厚

3. 收缩率

为补偿铸件在冷却过程中产生的收缩，使冷却后的铸件符合图样的要求，需要放大模样的尺寸，放大量取决于铸件的尺寸和该合金的线收缩率。一般中小型灰铸铁件的线收缩率约取 1%；非铁金属的线收缩率约取 1.5%；铸钢件的线收缩率约取 2%。

4. 铸造圆角

模样上壁与壁的连接处要做成圆弧过渡，称为铸造圆角。铸造圆角可减少或避免砂型尖角损坏，防止产生黏砂、缩孔、裂纹。但铸件分型面的转角处不能有圆角。铸造内圆角的半径可按相邻两壁平均壁厚的 1/5 ~ 1/3 选取，外圆角的半径取内圆角的一半。

5. 芯头

芯头是指砂芯的外伸部分，用来定位和支承砂芯。如图 4 - 33 所示，芯头有垂直和水平两种。芯座是铸型中专为放置芯头的空腔。芯头和芯座尺寸主要有芯头长度 L（高度 H）、芯头斜度 α 芯头。与芯座装配的具体数值和型芯的长度（高度）及直径有关，应查阅相关资料后确定。

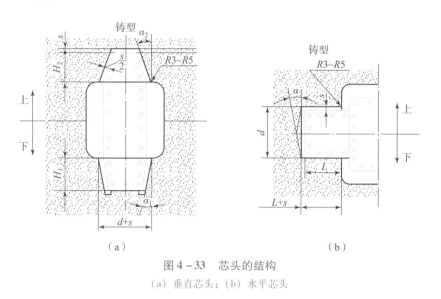

图 4-33　芯头的结构
（a）垂直芯头；（b）水平芯头

4.4　浇注系统

浇注系统是为金属液填充型腔和冒口而开设于铸型中的系列通道。设计正确与否是影响铸件质量的关键因素之一。在生产中，许多铸造缺陷如浇不足、冷隔、气孔、渣孔和缩松等，都与浇注系统设计不当有关。

通常，一个设计合理的浇注系统应保证在一定的浇注时间内使液态金属充满型腔，防止大型薄壁铸件产生浇不足的缺陷；应保证液态金属平稳地流入型腔，防止金属液的冲击、飞溅；应能将型腔中的气体顺利排出，防止铸件产生氧化；应能够合理地控制和调节铸件各部分的温度分布，减少或消除缩孔、缩松、裂纹和变形等缺陷；浇注系统的结构应尽可能简单且体积较小，以简化造型操作、减少金属液的消耗和清理工作量。

1. 浇注系统的组成与作用

浇注系统通常由浇口杯、直浇道、横浇道、内浇道和冒口等组成。合理地设计浇注系统，可使金属液平稳地充满铸型型腔；控制金属液的流动方向和速度；调节铸件上各部分的温度，控制冷却凝固顺序；阻挡夹杂物进入铸型型腔。对尺寸较大的铸件或收缩率较大的金属，要加设冒口起补缩作用。为便于补缩，冒口一般应设在铸件的厚部或上部，同时，冒口也可起排气和集渣作用。

2. 浇注系统的类型

按金属液导入型腔的位置，浇注系统可分为顶注式、中注式、底注式、阶梯式等，如图 4-34 所示。

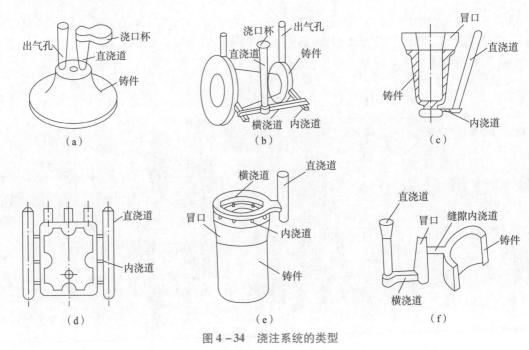

图 4 - 34　浇注系统的类型

（a）顶注式；（b）中注式；（c）底注式；（d）阶梯式；（e）雨淋式；（f）缝隙式

知识点 5. 常见铸造缺陷

阅读引导：由于铸造生产工序繁多，很容易使铸件产生缺陷。所以，为了减少铸件缺陷，首先应正确判断缺陷类型，然后找出产生缺陷的主要原因，以便采取相应的预防措施。

熟悉常见铸造缺陷，能进行常见铸造缺陷产生原因分析及预防措施的确定。

5.1　缩孔与缩松

缩孔是由于金属的体收缩部分得不到补足时，在铸件的最后凝固处出现的较大的集中孔洞。缩松是分散在铸件内的细小的缩孔。缩孔和缩松都使铸件的力学性能下降，缩松还使铸件在气密性试验和水压试验时出现渗漏现象。

图 4 - 35 所示是缩孔的形成过程示意图。

生产中可通过在铸件的厚壁处设置冒口的工艺措施，使缩孔转移至最后凝固的冒口处，从而获得完整的铸件，如图 4 - 36 所示。

缩松实质上是将集中缩孔分散为数量极多的小缩孔。它分布在整个铸件断面上，一般出现在铸件壁的轴线区域、热节处、冒口根部和内浇口附近，也常分布在集中缩孔的下方。缩松形成的基本原因虽然和形成缩孔的原因相同，但是形成的条件却不同，它主要出现在结晶温度范围宽、呈糊状凝固方式的合金中。图 4 - 37 所示为缩松形成过程示意图。一般合金在凝固过程中都存在液 - 固两相区，形成树枝状结晶。这种凝固方式称为糊状凝固。凝固区液固交错，枝晶交叉，将尚未凝固的液体合金彼此分隔成许多孤立的封闭液体区域，它们继续凝固时也将产生收缩，这时铸件中心虽有液体存在，但由于树枝晶的阻碍，使之得不到新的液体合金补充，在凝固后形成许多微小的孔洞，这就是缩松。

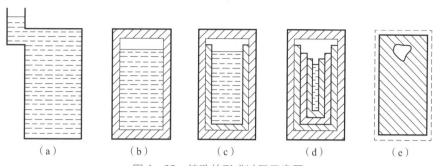

（a） （b） （c） （d） （e）

图 4 - 35 缩孔的形成过程示意图

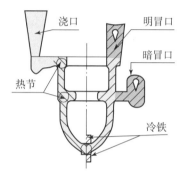

图 4 - 36 阀体的冒口补缩示意图

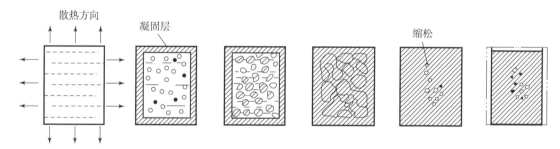

图 4 - 37 缩松形成过程示意图

5.2 铸造应力

1. 分类

铸件收缩时受阻，就产生铸造应力，铸造应力按产生的原因不同，主要可分为热应力和收缩应力两种。

热应力——铸件在凝固和冷却过程中，不同部位由于不均衡的收缩而引起的应力，称为热应力。热应力使冷却较慢的厚壁处受拉伸，冷却较快的薄壁处或表面受压缩，铸件的壁厚差别越大，合金的线收缩率或弹性模量越大，热应力越大。定向凝固时，由于铸件各部分冷却速度不一致，产生的热应力较大，铸件易出现变形和裂纹。

收缩应力——铸件在固态收缩时，因受铸型、型芯、浇冒口等外力的阻碍而产生的应力称收缩应力。一般铸件冷却到弹性状态后，收缩受阻，都会产生收缩应力。收缩应力常表现为拉应力。形成原因一经消除（如铸件落砂或去除浇口后），收缩应力也随之消失，因此，收缩应力是一种临时应力。但在落砂前，如果铸件的收缩应力和热应力共同作用，其瞬间应力大于铸件的抗拉强度时，铸件就会产生裂纹。

2. 减小和消除铸造应力的措施

①合理地设计铸件的结构。铸件的形状越复杂，各部分壁厚相差越大，冷却时温度越不均匀，铸造应力越大。因此，在设计铸件时，应尽量使铸件形状简单、对称、壁厚均匀。

②采用同时凝固的工艺。所谓同时凝固，是指采取一些工艺措施，使铸件各部分温差很小，几乎同时进行凝固。因各部分温差小，不易产生热应力和热裂，铸件变形小。应设法改善铸型、型芯的退让性，合理设置浇冒口等。

③时效处理。时效处理是消除铸造应力的有效措施。时效分为自然时效、热时效和共振时效等。所谓自然时效，是将铸件置于露天场地半年以上，让其内应力消除。

5.3　变形和裂纹

铸件收缩时受阻就产生铸造应力，当应力超过材料的屈服极限时，铸件产生变形；应力超过材料的抗拉强度时，铸件就会产生裂纹。

铸件的变形原因：如前所述，在热应力的作用下，铸件薄的部分受压应力，厚的部分受拉应力，但铸件总是力图通过变形来减缓其内应力。因此，铸件常发生不同程度的变形。

防止措施：因铸件变形是由铸造应力引起的，减小和防止铸造应力是防止铸件变形的有效措施。为防止变形，在设计铸件时，应力求壁厚均匀、形状简单而对称。对于细而长、大而薄等易变形铸件，采用反变形法，即在统计铸件变形规律基础上，在模型上预先做出相当于铸件变形量的反变形量，以抵消铸件的变形。

1. 热裂的产生原因

热裂一般是在凝固末期，金属处于固相线附近的高温时形成的。其形状特征是裂缝短，缝隙宽，形状曲折，缝内呈氧化颜色。铸件结构不合理，浇注温度太高，合金收缩大，型（芯）砂退让性差以及铸造工艺不合理等，均可引发热裂。钢和铁中的硫、磷降低了钢和铁的韧性，使热裂增大。

2. 热裂的防止

合理地调整合金成分（严格控制钢和铁中的硫、磷含量），合理地设计铸件结构，采用同时凝固的原则和改善型（芯）砂的退让性，都是防止热裂的有效措施。

3. 冷裂的产生原因

冷裂是铸件冷却到低温处于弹性状态时，所产生的热应力和收缩应力的总和大于该温度下合金的强度而产生的。冷裂是在较低温度下形成的，其裂缝细小，呈连续直线状，缝内干净，有时呈轻微氧化色。壁厚差别大、形状复杂的铸件，尤其是大而薄的铸件，易于发生冷裂。

4. 冷裂的防止

凡是减小铸造内应力或降低合金脆性的措施，都能防止冷裂的形成。例如，钢和铸铁中的磷能显著降低合金的冲击韧性，增加脆性，容易产生冷裂倾向，因此，在金属熔炼中必须严格限制。

5.4　气孔

在铸件内部、表面或近于表面处出现的大小不等的光滑孔眼，形状有圆的、长的及不规则的，有单个的，也有聚集成片的。颜色有白色的或带一层暗色，有时覆有一层氧化皮。产生原因：熔炼工艺不合理、金属液吸收了较多的气体；铸型中的气体侵入金属液；起模时刷水过多，型芯未干；铸型透气性差；浇注温度偏低；浇包、工具未烘干。气孔预防措施：降低熔炼时金属的吸气量；减少砂型在浇注过程中的发气量；改进铸件结构；提高砂型和型芯的透气性，使型内气体能顺利排出。

5.5　渣气孔

在铸件内部或表面的形状不规则的孔眼。孔眼不光滑，里面全部或部分充塞着熔渣。产生原因：浇注时挡渣不良；浇注温度太低，熔渣不易上浮；浇注时断流或未充满浇口，渣和液态金属一起流入型腔。渣气孔预防措施：提高金属液温度，降低熔渣黏性；提高浇铸系统的挡渣能力，增大铸件内圆角。

5.6　砂眼

在铸件内部或表面充塞着型砂的孔眼。产生原因：型砂、芯砂强度不够，紧实不够，合型时松落或被液态金属冲垮；型腔或浇口内散砂未吹净；铸件结构不合理，无圆角或圆角太小。砂眼预防措施：严格控制型砂性能和造型操作，合型前注意打扫型腔。

5.7　黏砂

在铸件表面，全部或部分覆盖着一层金属（或金属氧化物）与砂（或涂料）的混（化）合物或一层烧结的型砂，致使铸件表面粗糙。产生原因：浇注温度太高；型砂选用不当，耐火度差；未刷涂料或涂料太薄。黏砂预防措施：适当降低金属的浇注温度；提高型砂、芯砂的耐火度；减少砂粒间隙。

5.8　夹砂

在金属瘤片和铸件之间夹有一层型砂。产生原因：型砂材料配比不合理；浇注系统设计不合理。预防措施：严格控制型砂、芯砂性能；改善浇注系统，使金属液流动平稳；大平面铸件要倾斜浇注。

5.9　冷隔

在铸件上有一种未完全融合的缝隙或洼坑，其交界边缘是圆滑的。产生原因：铸件设计不合理，铸壁较薄；合金流动性差；浇注温度太低，浇注速度太慢；浇口太小或布置不当，浇注时曾有中断。预防措施：提高浇注温度和浇注速度；改善浇注系统；浇注时不断流。

5.10　浇不到

金属液未完全充满型腔。产生原因：铸件壁太薄，铸型散热太快；合金流动性不好或浇注温度太低；浇口太小，排气不畅；浇注速度太慢；浇包内液态金属不够。预防措施：提高浇注温度和浇注速度；不要断流，防止跑火。

知识点 6. 铸铁的分类及石墨化

铸铁的分类及石墨化铸铁是 $w(C) > 2.11\%$ 的铁、碳、硅合金。工业上常用铸铁的成分范围是 $w(C)$ 为 $2.5\% \sim 4.0\%$，$w(S)$ 为 $1.0\% \sim 2.5\%$，$w(Mn)$ 为 $0.5\% \sim 1.4\%$，$w(P) \leqslant 0.3\%$，$w(S) < 0.15\%$。可见，与碳钢相比，铸铁含 C、Si 量较高，含杂质元素 S、P 较多。成分的不同，导致铸铁的拉伸力学性能（特别是抗拉强度及塑性、韧性）较钢低许多，但抗压性能与钢的相当。铸铁还具有优良的铸造性、减震性、耐磨性以及切削加工性等，铸铁的生产工艺和设备简单，成本低廉，因此，在工业生产中得到普遍应用。碳在铸铁中的存在形式有两种：渗碳体（Fe_3C）和石墨（用符号 G 表示）。根据碳的存在形式，铸铁分为白口铸铁、灰口铸铁和麻口铸铁。

微课：认识铸铁

微课：铸铁的石墨化

白口铸铁中，碳除少量溶入铁素体外，绝大部分以渗碳体的形式存在，因断口呈银白色，故称白口铸铁。白口铸铁硬度高，脆性大，难以切削加工，很少直接用来制造机械零件，主要用作炼钢原料、可锻铸铁的毛坯，以及不需要刀具切削加工、要求硬度高和耐磨性好的零件，如犁铧及球磨机的磨球等。在铁碳合金相图中，白口铸铁的平衡结晶过程如图 4 – 38 中Ⅳ、Ⅴ、Ⅵ所示。

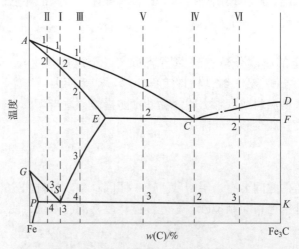

图 4 – 38　典型铁碳合金结晶过程分析

图 4 – 38 中合金Ⅳ为共晶白口铸铁（$w(C) = 4.3\%$），结晶过程如图 4 – 39 所示。合金在 1 点以上为均匀液相，冷至 1 点共晶点（1 148 ℃）时，液态合金发生共晶转变，结晶出奥氏体（$w(C) = 2.11\%$）与渗碳体组成的机械混合物，即高温莱氏体。转变在恒

温下完成。在共晶温度之下继续冷却时，从奥氏体中将不断析出二次渗碳体，剩余奥氏体中碳质量分数沿 *ES* 线变化不断减少。1~2 点之间的高温莱氏体由奥氏体、共晶渗碳体和二次渗碳体组成（A + Fe₃C 共晶 + Fe₃C$_{II}$），但二次渗碳体与共晶渗碳体连在一起，在金相显微镜下不易分辨。当温度降至 2 点（727 ℃）时，奥氏体的碳质量分数减少到 $w(C) = 0.77\%$，发生共析转变，生成珠光体，即高温莱氏体（Ld）转变成为低温莱氏体（L'd）。

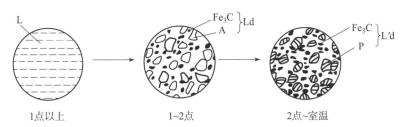

图 4 - 39　共晶白口铸铁结晶过程示意图

图 4 - 38 中合金 V 为亚共晶白口铸铁（$w(C) = 2.11\% \sim 4.3\%$），其结晶过程如图 4 - 40 所示。液态合金缓冷至稍低于 1 点温度时，开始结晶出先共晶体奥氏体，随着温度不断降低，结晶出的奥氏体量不断增多，而液体量不断减少，奥氏体的碳质量分数沿 *AE* 线变化，液体的碳质量分数沿 *AC* 线变化，温度缓冷至 2 点（1 148 ℃）时，奥氏体的碳质量分数为 *E* 点（$w(C) = 2.11\%$）的成分，剩余液体的碳质量分数为 *C* 点（$w(C) = 4.3\%$）成分，于是剩余液体发生共晶转变而形成高温莱氏体。2 点以下继续降低温度时，先共晶奥氏体和共晶奥氏体都将析出二次渗碳体，使得奥氏体中的碳质量分数不断降低，沿 *ES* 线变化，至 3 点时，奥氏体的碳质量分数降到 0.77%，发生共析转变，奥氏体转变为珠光体，高温莱氏体转变为低温莱氏体。

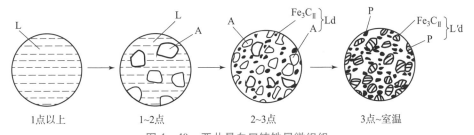

图 4 - 40　亚共晶白口铸铁显微组织

图 4 - 38 中Ⅵ表示过共晶白口铸铁（$w(C) = 4.3\% \sim 6.69\%$），其结晶过程如图 4 - 41 所示。当合金缓冷至稍低于 1 点时，从液体中开始结晶出一次渗碳体（Fe₃C$_I$），也称为先共晶渗碳体，呈粗大板条状形态。温度不断下降，结晶出的一次渗碳体不断增多，剩余液体不断减少，同时，液体的碳质量分数沿着 *CD* 线不断变化，至 2 点时，剩余液体的碳质量分数 $w(C) = 4.3\%$，于是发生共晶转变，形成高温莱氏体，此时的组织为一次渗碳体加高温莱氏体。随后继续冷却时的转变情况与共晶白口铸铁相同，最终组织为一次渗碳体加低温莱氏体。

灰口铸铁中碳主要以石墨的形式存在，断口呈灰色。根据石墨形态不同，灰口铸铁又

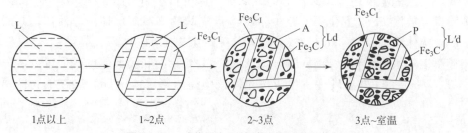

图4-41　过共晶白口铸铁结晶过程示意图

分为灰铸铁、球墨铸铁、可锻铸铁和蠕墨铸铁，石墨的形状分别为片状、球状、团絮状及蠕虫状，常用的铸铁件大多是灰口铸铁，如图4-42所示，本节主要介绍灰口铸铁。

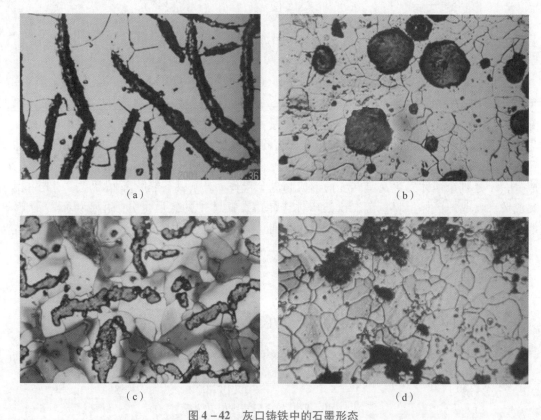

图4-42　灰口铸铁中的石墨形态

(a) 灰铸铁（片状石墨）；(b) 球墨铸铁（球状石墨）；(c) 蠕墨铸铁（蠕虫状石墨）；
(d) 可锻铸铁（团絮状石墨）

　　麻口铸铁是碳一部分以游离状渗碳体析出，另一部分以石墨形式析出，断口灰白色相间。这类铸铁的脆性大，硬度高，难以加工，故很少使用。

　　此外，为了进一步提高铸铁的性能或得到某种特殊性能，向铸铁中加入一种或多种合金元素（Cr、Cu、W、A、B等）而得到合金铸铁，如耐磨铸铁、耐热铸铁和耐蚀铸铁。

6.1 灰铸铁的组织和性能

灰铸铁的组织可看成碳钢的基体加片状石墨。按基体组织的不同，灰铸铁分为铁素体灰铸铁（图4-42（a））、铁素体+珠光体灰铸铁和珠光体灰铸铁三类。

铁素体灰铸铁的石墨片粗大，强度和硬度最低，故应用较少；珠光体灰铸铁的石墨片细小，有较高的强度和硬度；铁素体+珠光体灰铸铁的石墨片较珠光体灰铸铁稍粗大，性能不如珠光体灰铸铁。

在常用铸铁中，虽然灰铸铁的力学性能不理想，远低于钢，但是由于灰铸铁生产工艺简单、成本低，所以仍然是用量最大的一类铸铁，被广泛用来制作各种受力不大或以承受压应力为主和要求减震性好的零件。

6.2 灰铸铁的孕育处理

要改善灰铸铁的力学性能，则要改变基体组织，更重要的是，要改变石墨的数量、尺寸和分布状态。生产中采取的方法是，在浇注前向铁液中加入少量孕剂如硅铁或硅钙合金，形成大量高度弥散的难熔质点成为石的结晶核心，以促进石墨的形核，从而得到细珠光体基体和细小均匀分布的片状石墨。这种方法称为孕育处理。孕育处理后得到的铸铁称为孕育铸铁，又称变质铸铁，牌号有 HT300 和 HT350。

孕育铸铁的强度和韧性都优于普通灰铸铁，而且由于孕育处理，使得不同壁厚铸件的组织比较均匀，性能基本一致。因此孕育铸铁常用来制造力学性能要求较高而截面尺寸变化较大的大型铸件。

6.3 灰铸铁的牌号、性能及用途

灰铸铁的牌号由"HT"（灰铁两字汉语拼音字首）表示，后附灰铸铁试棒的最小抗拉强度 R_m 值（MPa）表示。例如，牌号 HT200 表示灰铸铁试棒的最小抗拉强度值为 200 MPa 的灰铸铁。实际铸件本体的力学性能与铸件的壁厚有关，壁厚越厚，铸件的强度和硬度越低，灰铸铁的应用如图4-43所示。

（a）　　　　　　　　　　　（b）

图4-43　灰铸铁的应用

（a）机床床身；（b）机床变速箱体

6.4 灰铸铁的热处理

灰铸铁的力学性能主要受到基体相的影响，而热处理只能改变基体的组织，不能改变石墨的形态，因而通过热处理不可能明显提高灰铸铁件的力学性能，灰铸铁的热处理主要用于消除铸件内应力和白口组织，稳定尺寸，提高表面硬度和耐磨性等。

微课：铝及铝
合金材料

知识点7. 铝合金

工业纯铝的强度低（$R_m = 80 \sim 100$ MPa），很少用来制造机械零件。为了提高强度，在纯铝中加入合金元素，如加入硅、铜、镁、锰等，使其形成具有较高强度的铝合金。另外，对铝合金还可以进行冷变形强化和热处理，使其进一步强化，更好地满足使用要求。图 4 - 44 所示为典型铝合金相图。

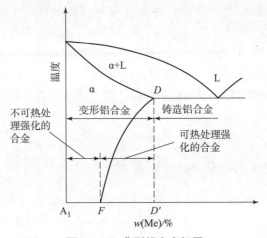

图 4 - 44　典型铝合金相图

铝合金按其成分和工艺性能可分为变形铝合金和铸造铝合金两大类。变形铝合金又分为可热处理强化铝合金和不可热处理强化铝合金两类。

7.1 变形铝合金

从图 4 - 44 可以看出，横坐标上的合金元素含量在 D' 点左边的合金，加热时均能形成单相 α 固溶体。此类铝合金的塑性好，适合压力加工，故称为变形铝合金。合金元素含量在 F 点以左的变形铝合金，其固溶体在任何温度下都处于不饱和状强化的铝合金态，无论如何加热和冷却，均不发生相变，因此，不能用热处理方法强化，故称不可热处理强化铝合金。合金元素含量在 $F - D'$ 之间的变形铝合金，温度在 DF 线以下时，α 固溶体成分随温度下降而变化，可从中析出强化相。这类合金可以通过热处理进行强化，称为可热处理强化铝合金。变形铝合金常经轧制、挤压、拉拔等变形加工成为型材而供应市场。

7.2 铸造铝合金

合金元素含量在 D' 点右边的铝合金，由于结晶时组织中有一定比例的共晶组织存在，其塑性、韧性差，但是流动性好，适合铸造，因此称为铸造铝合金。铸造铝合金适合制造形状复杂的零件，采用变质处理，使其组织中的共晶体细化，可以进一步提高强度和韧性。

铸造铝合金按其主要成分，分为 Al – Si 系、Al – Cu 系、Al – Mg 系和 Al – Zn 系。

铸造铝合金的牌号是用"铸"字汉语拼音字首"Z"+基本元素（铝元素）符号+主要添加合金元素符号+主要添加合金元素的百分含量表示。优质合金在牌号后面标注"A"，压铸合金在牌号前面冠以字母"YZ"。例如，ZAlSi12 表示 $w(\mathrm{Si}) = 12\%$ ，余量为铝的铸造铝合金。

铸造铝合金也可用代号表示，用"铸铝"两字汉语拼音字首"ZL"加三位数字表示，第一位数字表示合金类别，1 表示 Al – Si 系，2 表示 Al – Cu 系，3 表示 Al – Mg 系，4 表示 A1 – Zn 系；第二、三位表示序号。

7.3 铸造铝合金的变质处理

变质处理是提高铸造铝合金强度与塑性的有效方法，下面以 ZAlSi12（ZL102）为例说明变质处理的原理与方法。

ZL102 的成分位于共晶成分（平均 $w(\mathrm{Si}) = 11.7\%$ ）附近，在 578 ℃ 发生共晶转变，生成（C + S）共晶体。这种合金铸造性能好，但因共晶组织中脆性的硅呈粗大粒状，强度和塑性都比较差。为了改善其力学性能，通常采用变质处理，即在浇注前往铸态合金中加入约为合金液体质量2%~3%的变质剂（2/3NaF + 1/3NaCl）进行变质处理。变质剂中的钠能促进硅形核，并阻碍其晶体长大，使硅晶体能以极细粒形态均匀地分布在铝基体上。钠还能使相图中共晶点向右下方移动，使其变质后形成亚共晶组织。变质处理后强度和塑性由原来的 $R_\mathrm{m} = 140$ MPa， $A = 3\%$ 提高到 $R_\mathrm{m} = 180$ MPa， $A = 8\%$ 。ZL102 变质处理前后的金相组织如图 4 – 45 所示。

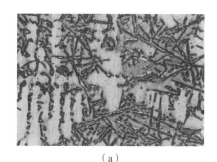
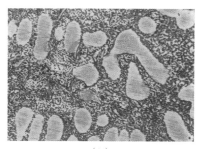

（a）　　　　　　　　　　　　　（b）

图 4 – 45　ZL102 变质处理前后的金相组织

（a）ZL102 未变质；（b）ZL102 变质后

二、工作任务

任务一：铸铁箱体的铸造

发动机箱体在工作中由于工作环境的特殊，在性能参数设计选择的过程中，应该保证其具有耐磨性强、硬度高、刚度和强度大的性能，并且为了保证其工作温度，发动机箱体还应该具有较好的散热能力。同时，还要具有很好的减震性能、防漏性能及密封性能，这就要求在对其进行设计及制造的过程中，要综合考虑各种性能参数要求，保证其能满足正常的性能要求。

铸钢、铸铝、铸铁是发动机箱体制造过程中通常会采用的原材料，其中最为常用的是铸铁 HT250、HT200、HT150，这是因为铸铁材料具有非常好的耐磨性能、刚度以及强度，并且材料比较便宜，还具有易切削、减震性能良好、加工性能良好的特点。但是这种材料也具有其自身的缺点，即重量比较大，应用于发动机箱体的制造中，会使发动机在工作的过程中承受着比较大的压力。在本任务中，采用铸铁 HT150 作为发动机箱体的原材料。

（1）发动机箱体工艺设计

主要工作：制订铸造发动机箱体的砂型铸造工艺设计并填写任务报告单。（要制订最合理的工艺数据，保障后续操作顺利，不可返工。）

（2）砂型制作

主要工作：完成发动机箱体的砂型制样，合理设计浇铸口并填写任务报告单。

使用设备：型砂、模具。

完成时间：30 min。

工作要求：遵照箱体工艺设计要求，学生动手完成任务，并记录在工作任务单中，教师对完成情况进行考核。

（3）完成箱体成型工艺

使用设备：中频炉、控制柜。

完成时间：50 min。

工作要求：遵照设备使用规程进行操作，树立严谨的工作态度。学生动手完成任务，并记录在工作任务单中，教师对完成情况进行考核。

（4）尺寸检测

以毛坯图的尺寸为依据，测量铸件的零件尺寸、加工余量、拔模斜度等。

使用设备：游标卡尺。

时间：20 min。

工作要求：按照发动机箱体零件图上技术要求进行测量，并把检测结果写入工作任务单中。（数据要真实，不可造假捏造，要保障产品的质量。）

（5）表面质量检测

外观检测采用目测，或小于 10 倍的放大镜来检查铸件的表面缺陷。

使用设备：放大镜。

时间：20 min。

工作要求：按照发动机箱体的技术要求检测，并把检测结果写入工作任务单中。（检测时，务必按规范操作，要爱护精密仪器，保障同学们都可以正常使用，树立敬业友善的精神。）

⊙ 工作任务单

内容	班级：　　　学号：　　　姓名：　　　组号：			
工艺流程	1. 型砂所用材料是什么？ 2. 铸造材料为_____，浇注温度为_____℃。 3. 采用_____铸造成型，冷却至室温得到组织，组织中为____形态。 4. 操作过程中，使用工具有：			
工艺设计	1. 根据具体铸件形状，浇注位置选在何处？参考了什么原则？ 2. 根据具体铸件形状，分型面选在何处？参考了什么原则？ 3. 浇注系统选择了哪种类型？ 4. 操作过程中，使用的其他工具有：			
结构设计与检测	请提交你设计好的铸件图形三视图，并完成实际铸件的零件尺寸、加工余量、拔模斜度等尺寸的测量，目测表面质量是否合格。			

⊙ 考核评分表

评分内容	分值	评价标准	得分
素质评分	20	1. 阅读资料，理论知识具备（5分） 2. 服从安排，配合活动（5分） 3. 不迟到、不旷课（5分） 4. 工具零件摆放整齐（5分）	
任务考核	60	1. 工艺流程及结构设计合理（10分） 2. 按照设备规程正确操作（20分） 3. 协助互动，解决难点（10分） 4. 爱护设备，组内协同（10分） 5. 铸造产品质量符合要求（10分）	

续表

评分内容	分值	评价标准	得分
任务工单	20	1. 规定时间内独立完成（满分） 2. 没有按时完成工单（扣 10 分） 3. 字迹不工整，工单不整洁（扣 5 分）	

◎ 铸铁拓展知识

1. 球墨铸铁

球墨铸铁是通过铁液的球化处理获得球状石墨的铸铁。浇注前向铁液中加入球化剂，促使石墨呈球状析出，这种处理方法称为球化处理。目前常用的球化剂有镁、稀土元素和稀土镁合金三种，其中稀土镁合金球化剂由稀土、硅和铁镁组成，性能优于镁和稀土元素，应用最广泛。稀土镁合金球化剂多采用冲入法加入，即先将球化剂放在铁水包内，然后将铁液冲入，使球化剂逐渐熔化。

由于镁及稀土元素都强烈阻碍石墨化，因此，在进行球化处理的同时或之后，必须加入孕育剂进行孕育处理，其作用是削弱白口倾向，促进石墨化，避免出现白口组织。同时，孕育处理可以改善石墨的结晶条件，使石墨球径变小、数量增多、形状圆整、分布均匀，从而提高铸铁的力学性能。

（1）球墨铸铁的组织和性能

球墨铸铁的组织可看成碳钢的基体加球状石墨（图 4-42（b））。按基体组织的不同，常用的球墨铸铁有铁素体球墨铸铁、铁素体-珠光体球墨铸铁、珠光体球墨铸铁和贝氏体球墨铸铁等。球墨铸铁中由于石墨呈球状，边缘圆滑过渡，对基体的割裂作用和引起应力集中现象明显减小，使得基体强度的利用率高达 70%~90%，基体对铸铁的性能影响就起到了支配性的作用，因而球墨铸铁的强度、塑性与韧性都远远优于灰铸铁，强度与钢相当，屈强比明显高于钢。球墨铸铁中石墨球越圆，整球径越小，分布越均匀，其力学性能越好。

球墨铸铁不仅力学性能远远超过灰铸铁，而且同样具有良好的减震性、减摩性、切削加工性及低的缺口敏感性等。球墨铸铁的缺点是凝固收缩较大，容易出现缩松与缩孔，熔铸工艺要求高，铁液成分要求严格。此外，它的消振能力也比灰铸铁的低。

（2）球墨铸铁的牌号及用途

球墨铸铁的牌号是由"QT"（"球铁"两字汉语拼音字首）后附最低抗拉强度 R_m 值（MPa）和最低断后伸长率 A 的百分数表示。例如，牌号 QT600-3 表示最低抗拉强度 R_m 为 600 MPa、最低断后伸长率 A 为 3% 的球墨铸铁。由于球墨铸铁具有优良的力学性能，可"以铁代钢"，用它代替部分铸钢和锻钢制造各种载荷较大、受力较复杂和耐磨损的零件。如珠光体球墨铸铁常用于制造汽车、拖拉机或柴油机中的曲轴、连杆、凸轮轴、齿轮，机床中的主轴、蜗杆、蜗轮等。而铁素体球墨铸铁多用于制造受压阀门、机器底座、汽车后桥壳等。球墨铸铁的应用如图 4-46 所示，其牌号、力学性能、显微组织及应用见表 4-4。

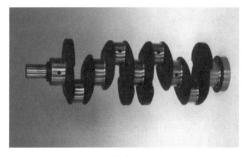
（a）

（b）

图 4 - 46　球墨铸铁的应用

（a）柴油机曲轴（QT800 - 2）；（b）井盖（QT350 - 22）

表 4 - 4　球墨铸铁的牌号、力学性能、显微组织及应用（摘自 GB/T 1348—2009）

牌号	基体组织	力学性能				用途举例
		σ_b /MPa （≥）	$\sigma_{r0.2}$ /MPa （≥）	$\delta/\%$ （≥）	HBS	
QT400 - 18	铁素体	400	250	18	130 ~ 180	承受冲击、振动的零件，如汽车、拖拉机的轮毂、驱动桥壳、差速器壳、拨叉，农机具零件，中低压阀门，上、下水及输气管道，压缩机上高低压气缸，电机机壳，齿轮箱，飞轮壳等
QT450 - 10		450	310	10	160 ~ 210	
QT500 - 7	铁素体 + 珠光体	500	320	7	170 ~ 230	机器座架、传动轴、飞轮、内燃机的机油泵齿轮、铁路机车车辆轴瓦等
QT600 - 3	珠光体 + 铁素体	600	370	3	190 ~ 270	载荷大、受力复杂的零件，如汽车、拖拉机的曲轴、连杆、凸轮轴、气缸套，部分磨床、铣床、车床的主轴，机床蜗杆、蜗轮，轧钢机轧辊、大齿轮，小型水轮机主轴，气缸体，桥式起重机大小滚轮等
QT700 - 2	珠光体	700	420	2	225 ~ 305	
QT800 - 2	珠光体或回火组织	800	480	2	245 ~ 335	
QT900 - 2	贝氏体或回火马氏体	900	600	2	280 ~ 360	高强度齿轮，如汽车后桥螺旋锥齿轮，大减速器齿轮，内燃机曲轴、凸轮轴等

（3）球墨铸铁的热处理

由于球墨铸铁的力学性能在很大程度上受到基体的支配，因此可通过各种热处理方法来改善性能。球墨铸铁的常用热处理方法和钢的类似。通常用到退火、正火、调制处理、等温淬火等。球墨铸铁的退火分为去应力退火、低温退火和高温退火。

2. 蠕墨铸铁

蠕墨铸铁的获得方法与球墨铸铁相似，是通过铁液的蠕化处理获得的。浇注前向铁液中加入蠕化剂，促进石墨呈蠕虫状析出。这种处理方法称为蠕化处理。目前，常用的蠕化剂有稀土镁钛合金、稀土硅铁合金和稀土钙硅合金等。

　　蠕墨铸铁中石墨形态介于片状与球状之间（图4-42（c）），实际上是一种厚片状的石墨，只是在光学显微镜下观察其断面形似蠕虫。石墨的形态决定了蠕墨铸铁的力学性能介于相同基体组织的灰铸铁和球墨铸铁之间，其铸造性能、减震性和导热性都优于球墨铸铁，与灰铸铁的相近。

　　蠕墨铸铁的牌号由"RuT"（"蠕铁"两字汉语拼音字首）及最低抗拉强度 R_m 值（MPa）表示。例如，牌号 RuT300 表示最低抗拉强度 R_m 为 300 MPa 的蠕墨铸铁。蠕墨铸铁主要用于承受热循环载荷、结构复杂、要求组织致密和强度高的铸件，如大马力柴油机的气缸盖、气缸套、进（排）气管、钢锭模和阀体等铸件。蠕墨铸铁的应用如图4-47所示。

（a）

（b）　　　　　　　　　　　　　　　（c）

图4-47　蠕墨铸铁的应用

（a）玻璃模具；（b）汽车增压器壳体；（c）制动毂

3. 可锻铸铁

　　可锻铸铁是由白口铸铁坯件经石墨化退火而获得团絮状石墨的铸铁。石墨化退火的工艺过程是将白口铸铁加热到 900~980 ℃，使铸铁组织转变为奥氏体加渗碳体，在此温度下长时间保温后，渗碳体分解为团絮状石墨，这时铸铁组织为奥氏体加石墨，此为第一阶段石墨化。在高温下完成这一阶段石墨化后，如果快速冷却，可得到珠光体基体的可锻铸铁。如果缓慢冷却，石墨化比较充分，将经历第二阶段、第三阶段石墨化，获得铁素体基体的可锻铸铁。

　　在可锻铸铁的石墨化退火过程中，若在完成第一阶段石墨化后缓慢冷却，铸铁的组织按 F-G（石墨）状态图变化，先后析出二次石墨和共析石墨，这一过程称为第二阶段石墨化和第三阶段石墨化，最后获得以铁素体为基体的可锻铸铁。由于这种铸铁断口呈暗灰色，故称"黑心可锻铸铁"。如果在完成第一阶段石墨化后快速冷却，使得第二阶段石墨化和第三阶段石墨化不能进行，则得到以珠光体为基体的珠光体可锻铸铁（图4-42（d））。

可锻铸铁中的团絮状石墨对基体的割裂介于片状石墨与球状石墨之间，因此可锻铸铁的力学性能介于灰铸铁与球墨铸铁之间。它虽然称为"可锻"铸铁，但实际上可锻铸铁并不能锻造。

与球墨铸铁相比，可锻铸铁具有质量稳定，铁液处理简易，容易组织流水生产等特点，其缺点是可锻化退火的时间比较长。在缩短可锻铸铁退火周期取得很大进展后，可锻铸铁更具有发展前途，在汽车、拖拉机中得到了广泛应用。

可锻铸铁的牌号由"KTH"（黑心可锻铸铁）、"KTZ"（珠光体可锻铸铁）、"KTB"（白心可锻铸铁）后附最低抗拉强度 R_m 值（MPa）和最低断后伸长率 A 的百分数表示。例如，牌号 KTH300-06 表示最低抗拉强度 R_m 为 300 MPa、最低断后伸长率 A 为 6% 的黑心可锻铸铁；KTZ550-04 表示最低抗拉强度 R_m 为 550 MPa、最低断后伸长率 A 为 4% 的珠光体可锻铸铁。

黑心可锻铸铁的强度、硬度低，塑性、韧性好，用于载荷不大、承受较高冲击、振动的零件。珠光体可锻铸铁因具有高的强度、硬度，用于载荷较高、耐磨损并有一定韧性要求的重要零件。为了确保在生产过程中获得白口铸铁坯件，坯件必须快速冷却。因此，可锻铸铁件适合用于小型薄壁，要求具有较好韧性的零件。白心可锻铸铁是由白口铸铁在氧化性介质中石墨化退火而成的可锻铸铁，其表面碳大部分氧化，有较厚的脱碳层，表面呈暗灰色。白心可锻铸铁表面与心部组织不均匀，具有良好的塑性及焊接功能，常用于管路连接件。可锻铸铁的应用如图4-48所示，可锻铸铁的牌号、力学性能及用途见表4-5。

项目四　金属零件的铸造成型

扣件　　　　　　　　　　　　扳手

图4-48　可锻铸铁的应用

表4-5　可锻铸铁的牌号、力学性能及用途

种类	牌号	力学性能				用途举例
		σ_b /MPa （≥）	$\sigma_{r0.2}$ /MPa （≥）	δ/% （≥）	HBS	
黑心可锻铸铁	KTH300-06	300		6	<150	弯头、三通管件、中低压阀门等
	KTH330-08	330		8		扳手、犁刀、犁柱、车轮壳等
	KTH350-10	350	200	10		汽车、拖拉机前后轮壳、差速器壳、转向节壳、制动器及铁道零件等
	KTH370-12	370		12		

续表

种类	牌号	力学性能				用途举例
		σ_b /MPa（≥）	$\sigma_{r0.2}$ /MPa（≥）	$\delta/\%$（≥）	HBS	
珠光体可锻铸铁	KTZ450 – 06	450	270	6	150~200	载荷较高和耐磨损零件，如曲轴、凸轮轴、连杆、齿轮、活塞环、轴套、耙片、万向接头、棘轮、扳手、传动链条等
	KTZ550 – 04	550	340	4	180~250	
	KTZ650 – 02	650	430	2	210~260	
	KTZ700 – 02	700	530	2	240~290	

任务二：铝铸件法兰的铸造

根据发动机箱体的性能结构要求，其可采用铸钢、铸铁、铸铝为原材料，本任务采用铸造铝合金来完成发动机箱体的砂型铸造。与铸铁件相比，其抗压能力较差，但质量小，不易生锈，因此更适用于小型汽车，而不适用于中大型汽车用。

铝铸件法兰是管与管之间相互连接的一个零件，主要用于管道之间的连接，也有一些会用在设备进出口上的法兰，用于两个设备之间的连接。铝铸件法兰连接或者是法兰接头，都是指由法兰、垫片以及螺栓三者相互连接，作为一组组合，密封结构可拆卸和连接。

（1）铝铸件法兰工艺设计

主要工作：制订铸造铝合金法兰的砂型铸造工艺设计，并填写工作任务报告单。

（2）砂型制作

主要工作：完成铝合金法兰的砂型制样，合理设计浇铸口，并填写工作任务报告单。

使用设备：型砂、模具。

完成时间：30 min。

工作要求：遵照箱体工艺设计要求，学生动手完成任务，并记录在工作任务单中，教师对完成情况进行考核。

（3）完成箱体成型工艺

使用设备：坩埚电阻炉、控制柜。

完成时间：50 min。

工作要求：遵照设备使用规程进行操作。学生动手完成任务，并记录在工作任务单中，教师对完成情况进行考核。

（4）尺寸检测

以毛坯图的尺寸为依据，测量铸件的零件尺寸、加工余量、拔模斜度等。

使用设备：游标卡尺。

完成时间：20 min。

工作要求：按照铝铸件法兰零件图上技术要求进行测量，并把检测结果写入任务单中。

（5）表面质量检测

外观检测采用目测，或小于 10 倍的放大镜。

使用设备：放大镜。

完成时间：20 min。

工作要求：按照铝合金法兰的技术要求检测，并把检测结果写入工作任务单中。（检测时务必按规范操作，要爱护精密仪器，保障同学们都可以正常使用，树立敬业友善的精神。）

◎ 工作任务单

内容	班级：　　　　学号：　　　　姓名：　　　　组号：
工艺流程	1. 型砂所用材料是什么？ 2. 铸造材料为_____，浇注温度为_____℃。 3. 采用_____铸造成型，冷却至室温得到组织，组织中为____形态。 4. 操作过程中，使用工具有：
工艺设计	1. 根据具体铸件形状，浇注位置选在何处？参考了什么原则？ 2. 根据具体铸件形状，分型面选在何处？参考了什么原则？ 3. 浇注系统选择了哪种类型？ 4. 操作过程中，使用的其他工具有：
结构设计与检测	请提交你设计好的铸件图形三视图，并完成实际铸件的零件尺寸、加工余量、拔模斜度等尺寸的测量，目测表面质量是否合格。

◎ 考核评分表

评分内容	分值	评价标准	得分
素质评分	20	1. 阅读资料，理论知识具备（5分） 2. 服从安排，配合活动（5分） 3. 不迟到、不旷课（5分） 4. 工具零件摆放整齐（5分）	
任务考核	60	1. 工艺流程及结构设计合理（10分） 2. 按照设备规程正确操作（20分） 3. 协助互动，解决难点（10分） 4. 爱护设备，组内协同（10分） 5. 铸造产品质量符合要求（10分）	

续表

评分内容	分值	评价标准	得分
任务工单	20	1. 规定时间内独立完成（满分） 2. 没有按时完成工单（扣10分） 3. 字迹不工整，工单不整洁（扣5分）	

铝合金拓展知识

1. 变形铝合金的分类和牌号表示

变形铝合金按其成分和性能特征，分为防锈铝、硬铝、超硬铝和锻铝，分别用 LF、LY、LC、ID 表示。例如，LF21 表示序号为 21 的防锈铝合金；LY11 表示序号为 11 的硬铝合金。

第一位数字表示合金成分，如图 4 - 49 所示。第二位：数字（或字符）表示原始纯铝或铝合金的改型情况。第三、四位表示同一组中的铝合金序号；工业纯铝的第三、四位数字表示最低铝质量分数。如 1050 铝的质量分数为 99.50%。

1×××	工业纯铝，$w(Al)>99.00\%$	不可热处理强化
2×××	Al-Cu 合金、Al-Cu-Li 合金	可热处理强化
3×××	Al-Mn 合金	不可热处理强化
4×××	Al-Si 合金	若含镁，则可热处理强化
5×××	Al-Mg 合金	不可热处理强化
6×××	Al-Mg-Si 合金	可热处理强化
7×××	Al-Zn-Mg 合金	可热处理强化
8×××	Al-Li、Al-Sn、Al-Zr 或 Al-B 合金	可热处理强化
9×××	备用合金系列	

图 4 - 49　变形铝合金及其牌号标记方法

例如，牌号 1070 表示已经在国际牌号体系中注册，用四位数字命名，其纯度为 99.70% 的变形工业纯铝；2A11 表示未在国际牌号体系中注册，用四位字符体系命名，其主要合金元素为铜的 11 号原始变形铝合金。

2. 常用变形铝合金

（1）防锈铝（LF）

防锈铝合金一般为 Al - Mg 成 Al - Mn 系合金，不能热处理强化，只能通过冷变形强化。常用的牌号有 3A21、5005、6063、3004 等。防锈铝合金性能特点是耐蚀性好，强度适中，塑性优良，这些合金主要用中压方法制成中、轻载荷件和耐腐件，如油箱、导管和生活器具等。

（2）硬铝（LY）

硬铝合金一般为 Al - Cu - Mg 系合金。这类合金可以通过固溶处理和时效显著提高强度。抗拉强度可从 250 MPa 提高到 400 MPa。硬铝合金的特点是强度和耐热性能均好，但耐蚀性不如纯铝和防锈铝合金。常用包铝方法来提高硬铝制品在海洋和潮湿大气中的耐蚀性。硬铝合金主要用于制造相对密度小的中等强度结构件。在航空工业上应用较多，如飞机上的骨架零件和螺旋桨叶片等。常用牌号有 2A06、2A11、2A12 等。

（3）超硬铝（LC）

超硬铝合金是在硬铝合金的基础上加入锌元素制成的。锌能溶于固溶体并使之强化，还能与铜、镁等元素共同形成多种复杂的强化相，经固溶处理、人工时效后，强度显著提高。常用的牌号有 7A04、7075 等。超硬铝合金的强度优于硬铝合金，但耐腐蚀性较差，多用于制造飞机上受力较大、要求强度高的机件，如飞机的大梁、桁架、翼肋和起落架等。硬铝和超硬铝的耐腐蚀性不如纯铝，常采用压延法在其表面包覆铝，以提高耐腐蚀性。

（4）锻铝（LD）

锻铝合金大多为 Al – Cu – Mg – Si、Al – Cu – Si 系合金。这类合金可以通过热处理强化，特别是在加热状态下具有优良的锻造性，故称锻铝。常用的牌号有 2A50、6A02。锻铝的力学性能与硬铝的相近，主要用于制造密度小，具有中等强度，形状比较复杂的锻件，如离心式压气机的叶轮和飞机操纵系统中的摇臂等。变形铝合金的应用如图 4 – 50 所示。

（a）

（b）

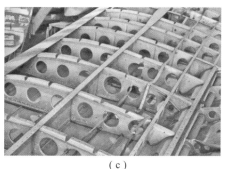

（c）

图 4 – 50　变形铝合金的应用

（a）铝合金门框；（b）飞机主起落架；（c）飞机翼梁

三、课后练习

（一）填空题

1. 按铸铁中碳存在的形式，可将铸铁分为＿＿＿、＿＿＿和＿＿＿三类。

2. 按铸铁中石墨的形态，可将铸铁分为＿＿＿、＿＿＿、＿＿＿和＿＿＿四类。

3. 灰铸铁中由于石墨的存在，降低了铸铁的抗拉强度，但使铸铁获得了良好的＿＿＿、＿＿＿、＿＿＿、＿＿＿以及低的＿＿＿。

4. 铸铁成分中含有碳、硅、锰、磷、硫等元素，其中＿＿＿和＿＿＿的含量越高，越有利于石墨化的进行，而＿＿＿和＿＿＿元素是强烈阻碍石墨化的元素。

5. 灰铸铁经孕育处理后，可使＿＿＿得到细化，使其＿＿＿有很大的提高。

6. 球墨铸铁是在浇注前向铁液中加入适量的＿＿＿和＿＿＿，浇注后获得＿＿＿石墨的铸铁。

7. 白口铸铁中的碳主要以＿＿＿形式存在，而灰口铸铁中的碳主要以＿＿＿形式存在。

8. 铸铁中的碳以石墨形态析出的过程称为＿＿＿＿＿＿＿。

9. 将液态金属浇注到铸型型腔中，待其冷却凝固后，获得一定形状的毛坯或零件的方法属于＿＿＿＿＿＿＿。

10. 造型材料以砂为主，来源广泛，成本低廉，是常用的铸件生产方法，目前，我国砂型铸件约占铸件产量的＿＿＿＿＿＿＿。

（二）选择题

1. 铸造是将（　　　）后的金属浇入铸型中，待凝固冷却后，获得具有一定形状和性能铸件的成形方法。

A. 奥氏体化　　　　B. 合金化　　　　C. 熔化　　　　D. 加热

2. 在确定浇注位置时，铸件重要面或加工面应（　　　）位于侧面。

A. 朝上　　　　B. 朝下　　　　C. 朝左　　　　D. 朝右

3. 分型面应选择在铸件的（　　　）截面处。

A. 最小　　　　B. 最大　　　　C. 最厚　　　　D. 最薄

4. （　　　）指模样尺寸放大的值，用于补偿铸件在冷却过程中产生的收缩。

A. 膨胀率　　　　B. 收缩率　　　　C. 延伸率

5. 铸件外形应尽量采用规则的易加工平面和圆柱面，面与面之间尽量采用（　　　）连接，避免不规则曲面，以便于制模和造型。

A. 平直　　　　B. 垂直　　　　C. 倾斜

（三）判断题

1. 热处理可以改变灰铸铁的基体组织，从而可显著提高其力学性能。　　　　（　　　）

2. 可锻铸铁比灰铸铁的塑性好。　　　　（　　　）

3. 厚铸铁件的表面硬度比内部的高。　　　　（　　　）

4. 灰铸铁的强度、塑性和韧性远不如钢。　　　　（　　　）

5. 球墨铸铁通过热处理可以改变基体组织，从而可显著地改善其力学性能。　（　　　）

6. 白口铸铁硬度适中，易于进行切削加工。　　　　（　　　）

7. 铸铁中石墨的数量越多，尺寸越大，铸件的强度就越高，塑性、韧性就越好。

（　　　）

8. 球墨铸铁组织中球状石墨的圆整度越好、球径越小、分布越均匀，力学性能就越好。　　　　（　　　）

9. 铸铁铁碳相图中的共晶和共析转变线均比原 $Fe-Fe_3C$ 相图中的 ECF 线和 PSK 线温

度高。　　　　　　　　　　　　　　　　　　　　　　　　　（　　）

　　10. 可锻铸铁热处理的实质是白口铸铁的石墨化退火。　　　（　　）

（四）简答题

　　1. 铸铁厚壁对石墨化有什么影响？

　　2. 石墨形态是铸铁性能特点的主要矛盾因素，试分别说明石墨形态对灰铸铁和球墨铸铁力学性能及热处理工艺的影响。

项目五　金属零件的焊接成型

学习目标

1. 知识目标

掌握焊接的基本概念、特点及应用；掌握二保焊的引弧、焊接步骤；掌握手工电弧焊的引弧、焊接步骤；认识常见的焊接缺陷。

2. 能力目标

能初步阅读简单的焊接工艺技术文件和简图；能正确操作完成零件的二保焊焊接；能正确操作完成零件的手工电弧焊焊接；能判定焊缝是否符合技术文件要求。

3. 素质目标

形成遵守设备安全操作规程的习惯；树立精益求精的工作态度，牢记"产品质量在心中，产品名牌在手中"的责任意识，践行"质量强国"发展理念；树立"青春火花，焊牢初心"的理想，在平凡岗位做出不平凡的业绩。

人类社会的发展总是寻求新的技术革命。焊接在我国已经有非常久的历史了，早在商朝的时候，人们就使用铸焊来打造青铜器，例如，我国的曾乙侯墓中的建鼓铜座盘龙，就是利用分段钎焊连接而成的，如图 5－1 所示。战国时期制造的刀剑等冷兵器，也是通过加热锻焊制成。而世界上第一本关于农业和手工业生产的巨著《天工开物》中也有提过中国的焊接技术。21 世纪，对焊接技术提出了智能化、自动化和数字化要求，让我们接过先辈手中的火炬，努力拼搏，为祖国的繁荣富强添砖加瓦！

图 5－1　曾乙侯墓中的建鼓铜座盘龙

本项目主要完成以下学习任务：

任务一：二保焊的引弧、焊接步骤

任务二：手工电弧焊的引弧、焊接步骤

微课：金属零件
的焊接

一、知识准备

焊接是材料在限定的施工条件下焊接成规定设计要求的构件，它包括两方面内容：一是工艺焊接性，即在一定焊接工艺条件下，能否获得优质无缺陷的焊接接头的能力；二是使用焊接性，即焊接接头或整体结构满足技术要求所规定的各种使用性能的程度，包括力学性能及耐热、耐蚀等特殊性能。

钢的焊接性取决于碳当量，即钢中碳及合金元素的含量。把钢中合金元素（包括碳）的含量按其作用换算成碳的相当含量，称为碳当量，用符号 W_{CE} 表示。碳钢和低合金结构钢常用碳当量来评定它的焊接性。

经验证明，碳当量越高，裂纹倾向就越大，焊接性越差。当碳当量小于 0.4% 时，钢材的焊接性良好，焊接时一般不需要预热等；在 0.4%~0.6% 之间时，钢材焊接时冷裂倾向明显，焊接性较差，焊接时一般需采取预热和缓冷等工艺措施来防止裂纹。

1. 低碳钢的焊接

低碳钢的碳当量小，塑性好，一般没有淬硬与冷裂倾向，焊接性优良。焊前一般不需要预热，适应各种不同接头、不同位置的焊接，并能保证焊接接头的良好质量。但在低温环境焊接厚板及较大的结构时，应考虑预热。对重要构件，焊后常进行去应力退火或正火。

2. 中、高碳钢的焊接

中碳钢的含碳量较高，焊接接头易产生淬硬组织，焊缝金属冷裂倾向大。因此，焊前必须预热至 150~250 ℃。焊接中碳钢常用焊条电弧焊，选用抗裂性能好的低氢型焊条，采用细焊条、小电流、开坡口和多层焊，焊后应缓慢冷却，防止冷裂纹的产生。高碳钢焊接性更差，一般不作为焊接结构材料。

知识点 1. 焊接电弧

阅读引导：理解电弧的概念和产生条件，掌握两种引弧方法（划擦法引弧和直击法引弧）的操作方式。

要想实现金属的焊接，必须提供一定的能量，电弧是目前焊接中应用最广的能量来源。

1.1　焊接电弧的产生

电弧是两个电极间的放电现象，是一种空气导电的现象。焊接电弧是指由焊接电源供给的，具有一定电压的两电极间或电极与母材间，在气体介质中产生的强烈而持久的放电现象，如图5-2所示。焊接电弧具有两个特性，即能放出强烈的光和大量的热。焊接就是利用产生的热量来熔化母材和填充金属。

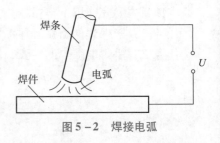

图5-2　焊接电弧

1.2　焊接电弧的引燃

焊接电弧的引燃一般有两种方式：接触引弧和非接触引弧。

1. 接触引弧

接触引弧是将焊条或焊丝与焊接工件直接短路接触，并随后拉开焊条或焊丝引燃电弧的方法。接触引弧是一种最常用的引弧方式。常用的接触引弧有划擦法引弧和直击法引弧。具体如图5-3所示。

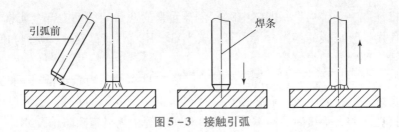

图5-3　接触引弧

2. 非接触引弧

非接触引弧是在电极和工件之间施以高电压击穿间隙使电弧引燃。非接触引弧通过引弧器才能实现，可以分为高频高压引弧和高压脉冲引弧。

知识点2. 熔滴过渡

阅读引导：理解熔滴过渡的含义，了解熔滴上的几种作用力；重点理解3种熔滴过渡的形式（短路、滴状、喷射过渡）。

1. 熔滴过渡

熔滴过渡是指在电弧热作用下，焊丝或焊条端部的熔化金属形成熔滴，受到各种力的作用从焊丝端部脱离并过渡到熔池的全过程。它与焊接过程稳定性、焊缝成形、飞溅大小等有直接关系，并最终影响焊接质量和生产效率。

2. 熔滴上的作用力

熔滴上的作用力是影响熔滴过渡及焊缝成形的主要因素。根据作用力来源的不同，熔滴上的作用力可分为重力、表面张力、电弧力、熔滴爆破力和电弧气体吹力。

3. 熔滴过渡的形式

熔滴过渡的形式常用形式有短路过渡、滴状过渡、喷射过渡和渣壁过渡等。

短路过渡由燃弧和熄弧两个交替的阶段组成，当电流较小、电弧电压较低，弧长还较短时，熔滴未长成大就与熔池接触形成短路，使电弧熄灭，随之金属熔滴过渡到熔池中。熔滴脱落之后，电弧又复燃，如此交替进行。短路过渡电弧稳定，飞溅较小，熔滴过渡频率高，焊缝成形良好。

滴状过渡是当电弧长度超过一定值时，熔滴依靠表面张力的作用可以保持在焊条端部自由长大，当促使熔滴下落的力（如重力、电磁力等）大于表面张力时，熔滴自由过渡到熔池，而不发生短路。粗滴过渡就是熔滴呈粗大颗粒状向熔池自由过渡的形式。由于粗滴过渡飞溅大，电弧不稳定，不是我们所希望的。熔滴尺寸的大小与焊接电流、焊丝成分、药皮成分有关。

喷射过渡容易出现在以氩气或富氩气体作保护气体的焊接方法中，如图 5-4 所示。喷射过渡时，细小的熔滴从焊丝端部连续不断地以很高的速度冲向熔池，过渡频率高，飞溅少，电弧稳定，热量集中，对焊件的穿透力强，适合焊接厚度较大（$\delta > 3$ mm）的焊件，可得到焊缝熔深明显增大的指状焊缝。

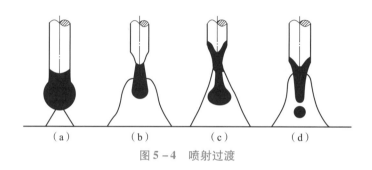

图 5-4　喷射过渡

渣壁过渡这种过渡方式只出现在埋弧焊和焊条电弧焊中。焊条电弧焊时，熔滴沿药皮套筒壁过渡。

知识点 3. 焊接工艺

阅读引导：重点掌握焊接工艺对焊缝的影响。

焊接工艺主要包括焊接参数和工艺因数。不同的焊接工艺参数对焊缝成形的影响也不同。通常将对焊接质量影响较大的工艺参数（焊接电流、电弧电压、焊接速度、线能量等）称为焊接参数，其他工艺参数（焊丝直径、电流种类与极性、电极和焊件倾角、保护气等）称为工艺因数。此外，焊件的结构因数（坡口形状、间隙、焊件厚度等）也会对焊缝成形造成一定的影响。

3.1　焊接参数的影响

1. 焊接电流

主要影响焊缝厚度。其他条件一定时，随着电流的增大，电弧力和电弧对工件的热输入量及焊丝的熔化量（熔化极电弧焊）增大，焊缝厚度和余高增加，而焊缝宽度几乎不变，成形系数减小。

2. 电弧电压

主要影响焊缝宽度。其他条件一定时，随着电弧电压的增大，焊缝宽度显著增加，而焊缝厚度和余高略有减小，熔合比稍有增加。不同的焊接方法对成形系数有自身特定的要求。因此，为得到合适的焊缝成形，一般在改变焊接电流的同时对电弧电压也应进行适当的调整。

3. 焊接速度

主要影响母材的热输入量。其他条件一定时，提高焊接速度，单位长度焊缝的热输入量及焊丝金属的熔敷量均减小，故焊缝厚度、焊缝宽度和余高都减小，熔合比几乎不变。

提高焊接速度是提高生产率的主要途径之一。要保证一定的焊缝尺寸，必须在提高焊速的同时，相应地提高焊接电流和电弧电压。

3.2　工艺因数的影响

1. 电流种类和极性

电流种类和极性对焊缝形状的影响与焊接方法有关。熔化极气体保护焊和埋弧焊采用直流反接时，焊件（阴极）产生热量较多，焊缝厚度、焊缝宽度都比直流正接大。交流焊接时，焊缝厚度、焊缝宽度介于直流正接与直流反接之间。

在钨极氩弧焊或焊条电弧焊中，直流反接焊缝厚度小，直流正接焊缝厚度大，交流焊接介于上述两者之间。

2. 焊丝直径和伸出长度

当焊接电流、电弧电压及焊接速度给定时，焊丝直径越小，电流密度越大，对焊件加热越集中，同时，电磁收缩力增大，焊丝熔化量增多，使得焊缝厚度、余高均增大。

焊丝伸出长度增加，电阻增大，电阻热增加，焊丝熔化速度提高，余高增加，焊缝厚度略有减小。焊丝电阻率越高，直径越小，伸出长度越长，这种影响越大。

3. 电极倾角

电弧焊时，根据电极倾斜方向和焊接方向的关系，分为电极前倾和电极后倾两种。电极前倾时，焊缝宽度增加，焊缝厚度、余高均减小；电极后倾时，情况刚好相反。如图 5 - 5 所示。

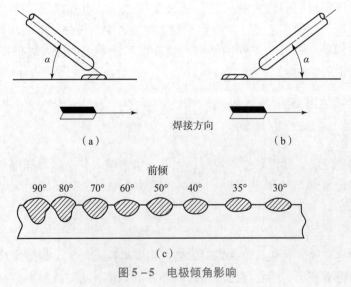

图 5 - 5　电极倾角影响

知识点4. 焊接缺陷

阅读引导：重点掌握焊接缺陷的主要特点、辨识方法、产生原因及对焊缝质量的影响。

因受焊接方法、焊接材料及焊接工艺等因素的影响，焊缝中会产生不同类型的缺陷。具体有焊缝外形尺寸不满足要求、咬边、未焊透、弧坑、气孔、裂纹、夹渣等。下面简单介绍几种。

4.1　焊缝外形尺寸缺陷

外形尺寸不合格主要有焊缝表面高低不平、焊缝波纹粗劣、纵向宽度不均匀、余高过大或过小等。上述不符合要求的外形尺寸，除造成焊缝成形不美观外，还影响焊缝与母材金属的结合强度。余高过大，易在焊缝与母材连接处形成应力集中；余高过小，则焊缝承载面积减小，降低接头的承载能力。

产生原因：焊件所开坡口角度不当、装配间隙不均匀、焊接参数选择不合适及操作人员技术不熟练等。

4.2　咬边

焊趾处被熔化的母材因填充金属不足而产生缺口的现象称为咬边（也称咬肉），如图5-6所示。由图可见，咬边一方面使接头承载面减小，强度降低；另一方面造成咬边处应力集中，接头承载后易引起开裂。

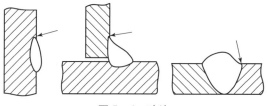

图5-6　咬边

产生原因：当采用大电流高速焊接或焊角焊缝时，一次焊接的焊脚过大、电压过高或焊枪角度不当，都可能产生咬边现象。因此，正确选择焊接参数和熟练掌握焊接操作技术是防止咬边的有效措施。

4.3　未焊透

熔焊时，焊接接头根部未熔透，或在焊道与母材之间、焊道与焊道之间未能完全熔化结合的部分，称为未焊透，如图5-7所示。未焊透处易产生应力集中，使焊接接头力学性能下降。

产生原因：焊接电流过小、焊速过高、坡口尺寸不合适及焊丝偏离焊缝中心等。

4.4　焊瘤

熔焊时，熔化的金属流到焊缝以外未熔化的母材上而形成金属瘤的现象称为焊瘤，也

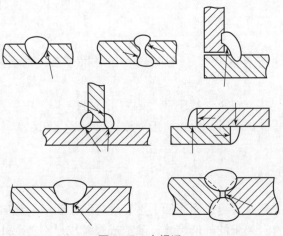

图 5 - 7　未焊透

称满溢，如图 5 - 8 所示。焊瘤主要是由填充金属量过多引起的。坡口尺寸过小、焊速过低、电压过低、焊丝偏离焊缝中心及焊丝伸出长度过大等，都可能产生焊瘤。在各种焊接位置中，平焊时产生焊瘤的可能性最小。

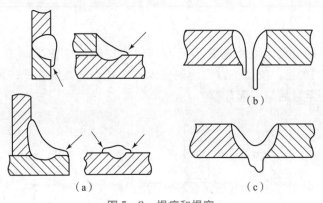

图 5 - 8　焊瘤和焊穿
(a) 焊瘤；(b) 焊穿；(c) 塌陷

4.5　焊穿及塌陷

焊缝上形成穿孔的现象，称为焊穿。熔化的金属从焊缝背面漏出，使焊缝正面下凹，背面凸起的现象，称为塌陷，如图 5 - 8 所示。

产生原因：电流过大、焊速过低或坡口间隙过大等。在气体保护电弧焊时，气体流量过大也可能导致焊穿。为防止焊穿及塌陷，应使焊接电流与焊接速度适当配合。例如，焊接电流较大时，应适当提高焊接速度，并严格控制焊件的装配间隙。气体保护焊时，还应注意气体流量不宜过大，以免形成切割效应。

二、　工作任务

此次焊接选用的钢为 Q345，属于低合金高强度结构钢。其广泛应用于建筑、桥梁、车辆、船舶、压力容器等。Q 代表的是这种材质的屈服强度，345 指这种材质的屈服强度，345 MPa 左右。Q345 综合力学性能良好，塑性和焊接性良好，用作中低压容器、油罐、车辆、起重机、矿山机械、电站、桥梁等承受动载荷的结构、机械零件、建筑结构。

在进行焊接操作前，焊接安全防护知识必须掌握，同时要学会识读焊接操作工艺卡。

护具要求：焊接作业主要危害包含金属烟尘（熔化焊条和焊件易产生大量重金属烟尘）、有毒气体（焊接电弧产生如一氧化碳、氮氧化物等）、电弧光辐射（如红外线、可见光和紫外线）等。因此，为避免焊接工作中弧光、焊接烟尘及有害气体对健康造成危害，必须采取有效的个人防护措施，如佩戴电焊面罩、呼吸防护用品等。具体如图 5 - 9 所示。

图 5 - 9　必备的焊接防护护具

（1）焊接操作的安全与防备

主要工作：进行环境危险源检查、电气设备检查、焊接材料检查、焊接劳保用品的穿戴。

使用设备：劳保防护罩、手套、焊机、焊条等。

工作要求：熟悉焊接防火、防爆、防触电等有关知识，遵照设备使用规程进行操作。

（2）操作工艺卡的识读

主要工作：熟悉操作流程、操作中应注意的问题，获得重要的焊接工艺参数，如焊接电流、电压等。

设备材料：焊机、焊接耗材、操作规程。

工作要求：对焊接工艺卡进行分析。

任务一：二保焊的引弧、焊接步骤

二保焊全称二氧化碳气体保护电弧焊。保护气体是二氧化碳（或 $CO_2 + Ar$ 的混合气体），主要用于手工焊。由于二氧化碳气体的热物理性能的特殊影响，容易产生较多飞溅，需采用优质焊机，选择合适参数，使飞溅降到最低。由于所用保护气体价格低廉，采用短路过渡时，焊缝成形良好，加上使用含脱氧剂的焊丝，即可获得无内部缺陷的质量焊接接头。这种焊接方法已成为黑色金属材料最重要焊接方法之一。

任务要求：利用二保焊进行 Q345 板板对接焊接操作。焊后要求焊缝平滑，不得有气孔夹渣等焊接缺陷，如图 5 - 10 所示。（大家要树立高标准、高要求、精益求精的工作态度，牢记"产品质量在心中，产品名牌在手中"的责任意识。）

图 5 - 10　焊缝外观

（1）焊接前准备工作

主要工作：焊接前清洁接头，要求在坡口两侧毛刺、油污、水锈脏物、氧化皮必须清洁干净；焊前应对 CO_2 焊机送丝顺畅情况和气体流量做认真检查；焊丝牌号选用 H08MnSi。（检查工作要细致，"平凡"的工作往往牵一发而动全身，要在平凡中体现职业人的精神。）

使用设备：焊机、气瓶、焊丝、劳保用品。

完成时间：10 min。

工作要求：学生动手完成任务，并记录在工作任务单中，教师对完成情况进行考核。

（2）引弧和熄弧

主要工作：二保焊引弧和熄弧操作。

设备材料：焊机、气瓶、焊丝、劳保用品。

完成时间：30 min。

工作要求：遵照操作规程进行焊接操作。学生动手完成任务，并记录在工作任务单中，教师对完成情况进行考核。

（3）焊缝的连接

主要工作：使用二保焊锯齿形摆动运条操作。

设备材料：焊机、气瓶、焊丝、劳保用品。

完成时间：40 min。

工作要求：遵照操作规程和工艺卡进行操作。学生动手完成任务，并记录在工作任务单中，教师对完成情况进行考核。

◎ 工作任务单

班级：　　　　学号：　　　　姓名：　　　　组号：

知识点：

1. 二保焊有何优缺点？适用于哪些场景？

2. 二保焊实操选用的焊丝牌号为＿＿＿＿＿＿，选用直径为＿＿＿＿＿＿ mm，焊接电流设定为＿＿＿＿＿＿ A，焊丝伸出长度设定为＿＿＿＿＿＿ mm，CO_2气体流量设定为＿＿＿＿＿＿ L/min。

3. 二保焊操作过程中，用到的工具和材料有：

◎ 考核评分表

评分内容	分值	评价标准	得分
素质评分	20	1. 阅读资料，理论知识具备（5分） 2. 服从安排，配合活动（5分） 3. 不迟到、不旷课（5分） 4. 工具零件摆放整齐（5分）	
任务考核	60	1. 焊接前准备合理、充分（10分） 2. 按照设备规程正确操作（20分） 3. 协助互动，解决难点（10分） 4. 爱护设备，组内协同（10分） 5. 焊接产品质量符合要求（10分）	
任务工单	20	1. 规定时间内独立完成（满分） 2. 没有按时完成工单（扣10分） 3. 字迹不工整，工单不整洁（扣5分）	

任务二：手工电弧焊的引弧、焊接步骤

手工电弧焊设备简单，焊接操作时不需要复杂的辅助设备，只需要配备简单的辅助工具，方便携带，维护方便。同时，手工电弧焊操作灵活，适应性强，凡焊条能够到达的地方，都能进行焊接。图 5 - 11 所示为手工电弧焊焊条。其可以焊接工业应用中的大多数金属和合金。目前仍是常用的焊接方法。

图 5 - 11　手工电弧焊焊条　　　　　　　微课：手工电弧焊的引弧、焊接

任务要求：利用二保焊进行 Q345 板板对接焊接操作。焊后要求焊缝平滑，不得有气孔、夹渣等焊接缺陷。

（1）焊接前准备工作

主要工作：焊接前清洁接头，要求在坡口两侧毛刺、油污、水锈脏物、氧化皮必须清洁干净；焊前应检查焊机设备和工具是否安全可靠；焊条牌号选用 E50。

使用设备：焊机、焊条、劳保用品。

完成时间：10 min。

工作要求：学生动手完成任务，并记录在工作任务单中，教师对完成情况进行考核。

（2）引弧和熄弧

主要工作：手工电弧焊引弧和熄弧操作。

设备材料：焊机、焊丝、劳保用品。

完成时间：30 min。

工作要求：遵照操作规程进行焊接操作。学生动手完成任务，并记录在工作任务单中，教师对完成情况进行考核。

（3）焊缝的连接

主要工作：使用手工电弧焊锯齿形摆动运条操作。填写任务报告单。

设备材料：焊机、焊丝、劳保用品。

完成时间：40 min。

工作要求：遵照操作规程和工艺卡进行操作。学生动手完成任务，并记录在工作任务单中，教师对完成情况进行考核。

工作任务单

班级：	学号：	姓名：	组号：

知识点：

1. 手工焊条电弧焊有何优缺点？适用哪些场景？

2. 手工焊条电弧焊实操选用的焊条型号为_____，焊条直径为_____ mm，采用焊机电源类型为_____，焊接电流设定为_____ A，焊接层数为_____。

3. 焊缝中常见的缺陷有哪些？

考核评分表

评分内容	分值	评价标准	得分
素质评分	20	1. 阅读资料，理论知识具备（5分） 2. 服从安排，配合活动（5分） 3. 不迟到、不旷课（5分） 4. 工具零件摆放整齐（5分）	
任务考核	60	1. 焊接前准备合理、充分（10分） 2. 按照设备规程正确操作（20分） 3. 协助互动，解决难点（10分） 4. 爱护设备，组内协同（10分） 5. 焊接产品质量符合要求（10分）	
任务工单	20	1. 规定时间内独立完成（满分） 2. 没有按时完成工单（扣10分） 3. 字迹不工整，工单不整洁（扣5分）	

三、课后练习

（一）填空题

1. 钢的焊接性取决于_____当量，即钢中_____的含量。

2. 焊接时一般需采取_____和_____等工艺措施来防止裂纹。

3. 中碳钢的含碳量较高，焊接接头易产生淬硬组织，焊缝金属冷裂倾向大。因此，焊前必须预热至_____℃。

4. 电弧是两个电极间的放电现象，是一种_____的现象。

5. _____是将焊条或焊丝与焊接工件直接短路接触，并随后拉开焊条或焊丝引燃电弧的方法。

6. _____就是熔滴呈粗大颗粒状向熔池自由过渡的形式。

7. 焊接工艺主要包括_____和_____，不同的焊接工艺参数对焊缝成形的影响也不同。

8. 焊接参数的影响主要包括_____、_____、_____。

9. 电弧焊时，根据电极倾斜方向和焊接方向的关系，分为_____和_____两种。

10. 当采用大电流高速焊接或焊角焊缝时，一次焊接的焊脚过大、电压过高或焊枪角度不当，都可能产生_____现象。

（二）选择题

1. （　　）是材料在限定的施工条件下焊接成规定设计要求的构件，并满足预定工作要求的能力。

A. 工艺性能　　　　B. 使用性能　　　　C. 焊接性　　　　D. 淬透性

2. 低合金高强度结构钢由于化学成分不同，焊接性也不同。当含碳量（　　）0.4%时，焊接性良好，一般采用手工电弧焊。

A. 大于　　　　　　B. 小于　　　　　　C. 等于

3. 二体保护焊的特点是：焊接热量（　　），焊接变形小，质量较高。

A. 分散　　　　　　B. 较高　　　　　　C. 集中　　　　　　D. 较低

4. 经验证明，碳当量越高，焊接裂纹倾向就越大，焊接性越（　　）。

A. 差　　　　　　　B. 好　　　　　　　C. 不受影响

5. 形成未焊透的原因主要是焊接电流（　　）、焊速过高、坡口尺寸不合适及焊丝偏离焊缝中心等。

A. 过小　　　　　　B. 过大　　　　　　C. 不变

（三）判断题

1. 奥氏体不锈钢虽然属于高合金钢，但由于其内部组织为单相奥氏体，塑性较好，焊接性良好。　　　　　　　　　　　　　　　　　　　　　　（　　）

2. 熔焊时，焊接接头根部未熔透，或在焊道与母材之间、焊道与焊道之间未能完全熔化结合的部分，称为未焊透。　　　　　　　　　　　　　　（　　）

3. 产生焊缝尺寸不符合要求的主要原因有焊件所开坡口角度不当、装配间隙不均匀、焊接参数选择不合适及操作人员技术不熟练等。　　　　　　（　　）

4. 形成焊穿及塌陷的原因，主要是电流过小、焊速过高或坡口间隙过小等。（　　）

5. 手工电弧焊设备简单，焊接操作时不需要复杂的辅助设备，只需要配备简单的辅助工具，方便携带，维护方便。　　　　　　　　　　　　　　（　　）

（四）简答题

1. 焊接缺陷有几种？产生的原因是什么？

2. 在进行焊接操作前，应进行哪些准备工作？

项目六 金属零件的选材

1. 知识目标

掌握机械零件选材的原则及方法步骤，掌握典型零件（齿轮、轴、箱体等）的工作环境和失效形式，了解典型零件的选材和加工工艺。

2. 能力目标

能根据零件的工作载荷进行合理选材；能为重要零件制订合理的加工工艺路线。

3. 素质目标

树立节约成本，控制产品质量，环保与可持续发展的理念，践行"质量强国"的发展要求；树立和践行"绿水青山就是金山银山""精挑细研，物善其用"的理念。

工程材料种类繁多，性能各异，不仅可供制造各种不同机械零件时选用，还为材料成形工艺制订和零件加工工艺制订提供了可靠的资料数据。材料的好与坏，不仅关系到机械零件的使用性能，也关系到零部件的加工制造难易程度，同时，还关系到零件的成本、使用安全性等。在实际工程中，有时会出现由于选材不当，给用户带来一些直接或间接损失的情况。此外，材料成本占零件成本的一半以上，合理地选材及成形工艺，可降低生产成本，提高经济效益。

本项目主要完成以下学习任务：

任务一：传动轴的选材

任务二：齿轮的选材

任务三：箱体的选材

一、知识准备

阅读引导：重点理解选材的一般原则；掌握选材的方法和步骤。

知识点 1. 零件选材原则

进行材料及成形工艺选择是一个多学科知识的综合运用，先要考虑到在该工况下材料性能是否达到要求，还要考虑到用该材料制造零

微课：零件选材原则

件时，其成形加工过程是否容易，同时还要考虑材料或机件的生产及使用是否经济等因素。因此，在选择材料及成形工艺时，一是要满足性能要求；二是满足加工制造的要求；三是要使机件价廉物美；四是要满足环保要求。图 6 - 1 所示为零件选材的原则。

（一）使用性能原则——　$\boxed{\text{首要原则}}$

（二）工艺性能原则

（三）经济性原则——　$\boxed{\text{根本原则}}$

（四）环境与资源原则

图 6 - 1　零件选材的原则

选择材料的基本原则是在保证材料满足使用性能的前提下，再考虑使材料的工艺性能尽可能良好和材料的经济性尽量合理。零件的使用价值、安全可靠性和工作寿命一般主要取决于材料的使用性能，因此，选材通常以材料制成零件后是否具有足够的使用性能为基本出发点。

1.1　满足使用性能

所谓使用性能，是指材料能保证零件正常工作所必须具备的性能。它包括力学性能、物理性能和化学性能。零件的使用性能主要是指材料的力学性能，一般选材时，首要任务是正确地分析零件的工作条件和判断主要的失效形式，以准确地判断零件所要求的主要力学性能指标。

1. 分析零件的工作条件

在分析零件工作条件的基础上，提出对所用材料的性能要求。工作条件是指受力形式（拉伸、压缩、弯曲、扭转或弯扭复合等）、载荷性质（静载、动载、冲击、载荷分布等）、受摩擦磨损情况、工作环境条件（如环境介质、工作温度等），以及导电、导热等特殊要求。

2. 判断主要失效形式

零件的失效形式与其特定的工作条件是分不开的。要深入现场，收集整理有关资料，进行相关的试验分析，判断失效的主要形式及原因，找出原设计的缺陷，提出改进措施，确定所选材料应满足的主要力学性能指标，为正确选材提供具有实用意义的信息，确保零件的使用效能和提高零件抵抗失效的能力。

3. 合理选用材料的力学性能指标

（1）正确运用材料的强度、塑性、韧性等指标

一般情况下，材料的强度越高，其塑性、韧性越低。片面地追求高强度以提高零件的承载能力不一定就是安全的，因为材料塑性的过多降低，遇有短时过载等因素，应力集中的敏感性增强，有可能造成零件的脆性断裂。所以，在提高屈服强度的同时，还应考虑材料的塑性指标。塑性和韧性指标一般不直接用于设计计算，而较高的 A 和 Z 值能削减零件

应力集中处（如台阶、键槽、螺纹、油孔、内部夹杂等处）的应力峰值，提高零件的承载能力和抗脆断能力。

以低应力脆断为主要失效形式的零件，如汽轮机、电机转子这类大锻件以及在低温下工作的石油化工容器、管道等，不应再以传统力学方法用塑性指标粗略估算，而应运用断裂力学方法进行断裂韧度 K_{IC} 和断裂指标 $K_I \geqslant K_{IC}$ 方面的定量设计计算，以保证零件的使用寿命。

（2）巧用硬度与强度等力学指标间的关系

实际零件的力学性能（如 R_m、σ_{-1}、A、Z、A_K）数值是很难测得的。因为硬度的测定方法简单，又不损坏零件，并且材料硬度与强度以及强度与其他力学性能之间存在着一定关系，所以，大多数零件在图纸上只标出所要求的硬度值，来综合体现零件所要求的全部力学性能。一般硬度值确定的规律为：对承载均匀，截面无突变，工作时不发生应力集中的零件，可选较高的硬度值；反之，有应力集中的零件，则需要有较高的塑性，硬度值应适当降低；对高精度零件，为提高耐磨性，保持高精度，硬度值要大些；对相互摩擦的一对零件，要注意两者的硬度值应有一定的差别，易磨损件或重要件应有较高的硬度值。例如，轴颈与滑动轴承的配合，轴颈应比滑动轴承硬度高；一对啮合传动齿轮，一般小齿轮齿面硬度应比大齿轮的高；螺母硬度应比螺栓的低些。多数热作模具和某些冷作模具、切削刀具等，选材时还应考虑其较高的热硬性要求。

（3）综合考虑多种因素

若零件在特殊的条件下工作，则选材的主要依据也应视具体条件而定，如像贮存酸碱的容器和管路等，应以耐蚀性为依据，考虑选用不锈钢、耐蚀 MC 尼龙和聚砜等；而作为电磁铁材料，软磁性又是重要的选材依据；精密镗床镗杆的主要失效形式为过量弹性变形，则关键性能指标为材料的刚度；零件要求弹性、密封、减震防震等，可考虑选择能在 $-50 \sim 150\ ℃$ 温度范围内处于高弹态和优良伸缩性的橡胶材料，如耐热橡胶板等；重要螺栓的主要失效形式为过量的塑性变形和断裂，则关键性能指标为屈服强度和疲劳强度；在 $600 \sim 700\ ℃$ 工作的内燃机排气阀可选用耐热钢等；汽车发动机的气缸可选用导热性好、比热容大的铸造铝合金等。选用高分子材料（如用尼龙绳作吊具等），还要考虑在使用时，温度、光、水、氧、油等周围环境对其性能的影响，因此，防老化必须作为其重要的选材依据。

（4）合理利用材料的淬透性

淬透性对钢的力学性能有很大的影响，未淬透钢的心部，其冲击韧度、屈强比和疲劳强度较低。对于截面尺寸较大的零件、在动载荷下工作的重要零件以及承受拉、压应力而要求截面力学性能一致的零件（如连接螺栓、锻模等），应选用能全部淬透的钢。对某些承受弯曲和扭转等复合应力作用下的轴类零件，因为它们截面上的应力分布是不均匀的，最大应力发生在轴的表面，而心部受力较小，可用淬透性较低的钢，但要保证淬硬层深度。焊接件等不可选用淬透性高的钢，避免造成焊接变形和开裂。承受冲击和复杂应力的冷镦凸模，其工作部分常因全部淬硬，造成韧性不足而脆断。所以，选材及热处理时，不能盲目追求材料淬透性和淬硬性的提高。

1.2　兼顾材料的工艺性能

所谓工艺性能，一般是指材料适应某种加工的能力，或加工成零部件的难易程度。任何一个零件都要通过若干加工工序制作而成。加工的难易程度必然影响到生产率、加工成本以及产品质量。金属材料的工艺性能包括铸造性、压力加工性能、焊接性、切削加工性、热处理工艺性等；陶瓷零件的形状、尺寸精度和性能要求不同，陶瓷材料采用的成形方法也不同；陶瓷材料的切削加工性能差；同一种塑料因加工方法不同，其制品的使用性能会产生很大的差异。

1.3　充分考虑经济性

经济性是选材时不能回避的问题，正确处理，能实现经济高效。选材时应注意以下几点：

1. 尽量降低材料及其加工成本

在满足零件对使用性能与工艺性能要求的前提下，能用铁就不用钢，能用非合金钢就不用合金钢，能用硅锰钢就不用铬镍钢，能用型材就不用锻件、加工件，并且尽量用加工性能好的材料。能正火使用的零件，就不必调质处理。需要进行技术协作时，要选择加工技术好，加工费用低的工厂。材料源要广，尽量采用符合我国资源情况的材料，如含铝超硬高速钢（W6Mo5Cr3V2Al）具有与含钴高速钢（W18Cr4V2Co8）相似的性能，但价格低。9Mn2V 钢不含铬元素，性能与 CrWMn 钢相近，拉刀、长铰刀、长丝锥等均可使用，都符合我国资源情况。

2. 用非金属材料代替金属材料

非金属材料的资源丰富，性能也在不断提高，应用范围不断扩大，尤其是发展较快的聚合物具有很多优异的性能，在某些场合可代替金属材料，既改善了使用性能，又可降低制造成本和使用、维护费用。

3. 零件的总成本

零件的总成本包括原材料价格、零件的加工制造费用、管理费用、试验研究费和维修费等。选材时不能一味追求原材料低价而忽视总成本的其他各项。另外，环保因素也是不容忽视的。

知识点 2. 选材的方法

在按力学性能选材时，具体方法有以下三种：

微课：零件选材的方法和步骤

2.1　以综合力学性能为主时的选材

当零件工作中承受冲击载荷或循环载荷时，其失效形式主要是过量变形与疲劳断裂，因此，要求材料具有较高的强度、疲劳强度、塑性与韧性，即要求有较好的综合力学性能。如截面上受均匀循环拉应力（或压应力）及多次冲击的零件（如气缸螺栓、锻锤杆、液压泵柱塞、锻模、连杆等），要求整个截面淬透，应综合分析材料的淬透性和尺寸效应，选择能满足使用性能要求的材料。一般可选用调质或正火状态的非合金钢、调质或渗碳合金钢、正火或等温淬火状态的球墨铸铁来制造。也可选用低碳钢淬火回火成低碳马氏体；低碳马氏体钢淬火低温回火后获得低碳马氏体（如常用的 15MnVB 钢和 20SiMn2MoVA 钢）；高碳钢等温淬火成下贝氏体；选用无碳化物贝氏体或马氏体复相钢（如 30CrMnSi）；

选用复相组织（在淬火钢中与马氏体共存一定数量的铁素体）以及形变热处理等。

2.2　以疲劳强度为主时的选材

疲劳破坏是零件在交变应力作用下最常见的破坏形式。实践证明，材料抗拉强度越高，疲劳强度也越高；在抗拉强度相同时，调质后的组织（回火索氏体）比退火、正火的组织具有更好的塑性、韧性，且对应力集中敏感性小，具有较高的疲劳强度，因此，对受力较大的零件，应选用淬透性较高的材料，以便进行调质处理。另外，钢的热处理组织中，细小均匀的回火马氏体较珠光体＋马氏体及贝氏体＋马氏体混合组织具有更佳的疲劳抗力。铁素体＋珠光体钢材的疲劳抗力随珠光体组织质量分数的增加而增加。铸铁，特别是球墨铸铁，具有足够的强度和极小的缺口敏感性，因此具有较好的抗疲劳性能。对于有缺口、表面结构复杂的零件，应避免选用缺口敏感性高的材料。

2.3　以耐磨性为主时的选材

两个零件摩擦时，磨损量与其接触应力、相对速度、润滑条件及摩擦副的材料有关。而材料的耐磨性是其抵抗磨损能力的指标，它主要与材料硬度、显微组织有关。根据零件工作条件的不同，其选择也分两种情况：

①摩擦较大，受力较小的情况，其主要失效形式是磨损，故要求材料具有高的耐磨性，如各种量具、钻套、刀具、冷冲模等。在应力较低的情况下，材料硬度越高，耐磨性越好；硬度相同时，弥散分布的碳化物相越多，耐磨性越好。因此，在受力较小、摩擦较大时，应选高碳钢或高碳合金钢经淬火、低温回火，获得高硬度的回火马氏体和碳化物，以满足耐磨性的要求。

②同时受磨损与交变应力、冲击应力的零件，其失效形式主要是磨损、过量的变形与疲劳断裂。齿轮、凸轮等零件，为了使心部获得一定的综合力学性能，且表面有高的耐磨性，应选适于表面热处理的钢材（如低淬透性钢等）。其中，对于传递功率大、耐磨性及精度要求高，但冲击小，接触应力也小的齿轮，则可选中碳钢或中碳合金钢进行正火或调质后，再高频感应加热淬火或渗氮处理。而对传递功率较大，接触应力、摩擦磨损大，又在冲击载荷情况下工作的齿轮，如汽车、拖拉机变速齿轮，应选低碳钢经渗碳、淬火、低温回火，使表面获得高硬度的高碳马氏体和碳化物组织，耐磨性高；心部是低碳马氏体，强度高，塑性和韧性好，抗冲击。对于在高应力和大冲击载荷作用下的零件（像铁路道岔、坦克履带等），不仅要求材料具有高的耐磨性，还要求有很好的韧性，此时可采用高锰钢经水韧处理，以满足要求。但高锰钢只有在冲击载荷及单位压力较大的磨料磨损条件下，产生加工硬化效应，才显示出较其他材料更为优良的耐磨性。对于冲击载荷不太大的易磨损零部件，目前较广泛选用成本较低的非合金钢或中高碳合金钢，并进行表面强化处理，以提高其耐磨性。选用表面硬化钢或复合钢材制作的零部件，在耐磨、耐冲击等性能方面都具有明显的优点，可提高使用寿命，但成本较高。耐磨铸铁的耐磨性好，成本低，包括冷硬铸铁、白口铸铁和中锰球墨铸铁，一般适用于不同工况条件下使用的耐磨零件。

耐磨堆焊是以提高耐磨性为主要目的的堆焊工艺，耐磨堆焊材料也就成为一类重要的金属耐磨材料。常用的耐磨堆焊材料有铁基合金、钴合金、镍合金等。正确选用堆焊材料，应该从耐磨性、对环境的适应能力和焊接性等几方面综合考虑。

知识点3. 选材的步骤

①分析零件的工作条件及可能的失效形式，确定控制失效的关键性能指标（使用性能和工艺性能），以此作为选材的依据。一般情况下，重点考虑的是力学性能指标，特殊情况还应考虑物理、化学性能，以此为基础初步确定几个候选材料的类型范围。

②针对所确定的零件性能要求，通过力学计算或辅以试验等方法，分析零件的受力特点，确定关键性能指标的参数或（和）理化性能指标，进一步提出几种具体的材料以备比较。

③对同类或相近零件的用材情况进行调查研究，可从其使用性能、材料供应、材料价格、加工工艺性能等方面进行综合分析以供参考，拟定较为合理的选材方案。

④针对具体情况，灵活运用选材原则。一般在经济性、工艺性相近或相同时，应选用使用性能最优的材料。但在加工工艺上无法实现而成为突出的制约因素时，所选材料的使用性能也可以不是最优的。此时需找到使用性能与制约因素之间恰当的平衡点。如某产品采用1Cr18Ni9Ti 钢制造，按设计要求，需钻 ϕ1.6 mm 细小深孔，用高速钢钻头钻孔时，由于奥氏体不锈钢黏刀严重，使钻头折断，无法加工，后改用易切削不锈钢 Y1Cr18Ni9 钢制造，获得了较理想的效果。

微课：轴类零件的
失效分析

⑤根据所选材料及使用性能要求，确定热处理方法或其他强化方法。对于关键零件，投产前应对所选材料进行试验，以考查所选材料及其热处理工艺方法能否满足使用性能要求。

二、工作任务

任务一：传动轴的选材

汽车、机械设备传动轴的主要作用是支撑回转体、传递动力，图6-2为所示汽车传动轴示意图。工作条件一般会承受交变转矩及拉压载荷，轴颈与键部位承受较大的摩擦与磨损。失效形式主要是断裂与局部过度磨损，断裂包括疲劳断裂与过载断裂。主轴热处理技术条件：主轴整体调质，硬度为 220～250 HBW；内锥孔和外圆锥面局部淬火，硬度为45～50 HRC；花键部位高频感应淬火，硬度为 48～53 HRC。

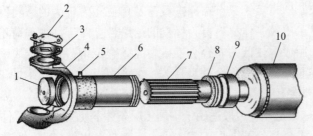

1—盖子；2—盖板；3—盖垫；4—万向节叉；5—加油嘴；6—伸缩套；
7—滑动花键槽；8—油封；9—油封盖；10—传动轴管。

图6-2　汽车传动轴示意图

微课：传动轴加工
工艺路线

1. 分析及选材

根据对上述工作条件的分析，选材时，材料应具有：足够的强度、刚度和一定的韧性，良好的耐磨性，高的疲劳强度以及良好的切削加工性。即要求主轴具有良好的综合力学性能。传统传动轴的主要零部件有凸缘叉、焊接叉、花键轴叉、花键套管、花键轴、凸缘，选用毛坯材料一般为40Cr，调质处理硬度为223~254 HBW 的锻造件，40Cr 材质材料是中碳钢，价格适中，加工容易，刀具可选范围比较大，经适当热处理后，具有以下特点：①在低温条件下承受冲击时韧性好。②力学性能较好。③毛坯产生缺口时，敏感性低，经调质处理的产品，可用于承受中等强度和中等转速条件下工作的机械零件制造。

微课：齿轮零件的
失效分析

2. 确定加工工艺

下料→锻造→正火（850~870 ℃空冷）→粗加工→调质（840~860 ℃盐淬至150 ℃左右再空冷，550~570 ℃回火）→半精加工（花键除外）→局部淬火、回火（锥孔、外锥面 830~850 ℃盐淬，220~250 ℃回火）→粗磨（外圆、外锥面、锥孔）→铣花键→花键高频感应淬火、回火（890~900 ℃高频感应加热，喷水冷却，180~200 ℃回火）→精磨（外圆、外锥面、锥孔）。

◎ 工作任务单

班级：	学号：	姓名：	组号：

材料：40Cr、65Mn、9SiCr 60Si2Mn、GCr15。
请从以上给出的材料中，为下面的传动轴选择材料。
性能要求：综合性能较好，能承受较大扭转力。
材料选择：＿＿＿＿＿＿＿＿＿＿，属于＿＿＿＿＿＿＿＿＿＿钢。
加工工艺路线：
下料→锻造→预备热处理（＿＿＿＿＿＿＿＿）→粗加工→最终热处理（＿＿＿＿＿＿）＋
（＿＿＿＿＿＿＿＿）→精加工→局部硬化热处理（＿＿＿＿＿＿＿）＋（＿＿＿＿＿＿＿）→精磨。

◎ 考核评分表

评分内容	分值	评价标准	得分
素质评分	20	1. 阅读资料，理论知识具备（5分） 2. 服从安排，配合活动（5分） 3. 不迟到、不旷课（5分） 4. 工具零件摆放整齐（5分）	
任务考核	60	1. 正确完成材料的选择（20分） 2. 协助互动，解决难点（20分） 3. 完成加工工艺路线的制订（20分）	
任务工单	20	1. 规定时间内独立完成（满分） 2. 没有按时完成工单（扣10分） 3. 字迹不工整，工单不整洁（扣5分）	

任务二：齿轮的选材

齿轮使用中受一定冲击，负载较重，轮齿表面要求耐磨，图 6 - 3 所示为汽车动力系统变速齿轮。其热处理技术条件是：轮齿表层碳的质量分数 $w(C) = 0.80\% \sim 1.05\%$，齿面硬度为 58~63 HRC，齿心部硬度为 33~45 HRC，要求心部抗拉强度不低于 1 000 MPa，屈服强度不低于 440 MPa，冲击功不小于 95 J·cm^{-2}。

图 6 - 3　汽车动力系统变速齿轮

1. 分析及选材

汽车变速箱齿轮在工作时承受载荷较重，轮齿承受周期变化的弯曲应力的作用较大，齿面承受着强烈摩擦和交变接触应力，为防止磨损，要求具有高的硬度、高的疲劳强度和良好的耐磨性（58~63 HRC）。在换挡刹车时，齿轮还受到较大的冲击力，齿面承受较大的压力，还要求齿的心部具有一定的强度和硬度（33~45 HRC）以及适当的韧性，以防止轮齿折断。根据以上分析，可知该汽车齿轮的工作条件很苛刻，因此，在耐磨性、疲劳强度、心部强度和冲击韧度等方面的要求均比机床齿轮要高。选调质钢 45 钢、40Cr 钢淬火，均不能满足使用要求（表面硬度只能达 50~56 HRC）；38CrMoAl 为氮化钢，氮化层较薄，适合应用于转速高，压力小，不受冲击的使用条件，故其不适合做此汽车齿轮；合金渗碳钢 20Cr 钢经渗碳淬火，虽然表面能达到力学性能要求，材料来源也比较充足，成本也较低，但是它的淬透性低，容易过热，淬火的变形开裂倾向较大，综合评价仍不能满足使用要求；合金渗碳钢 20CrMnTi，经渗碳热处理后，齿面可获得高硬度（58~63 HRC），高耐磨性，并且由于该钢含有 Cr、Mn 元素，具有较高的淬透性，油淬后可保证轮齿心部获得强韧结合的组织，具有较高的冲击韧度，同时含有 Ti，不容易过热，渗碳后仍保持细晶粒，可直接淬火，变形较小，另外，20CrMnTi 钢的渗碳速度较快，表面碳的质量分数适中，过渡层平缓，渗碳热处理后，具有较高的疲劳强度，故可满足使用要求。因此，该汽车变速箱齿轮选用 20CrMnTi 钢制造比较适宜。

2. 确定加工工艺

加工工艺路线为：下料→齿坯锻造→正火（950~970 ℃空冷）→机加工→渗碳（920~950 ℃渗碳6~8 h）→预冷淬火（预冷至870~880 ℃油冷）→低温回火→喷丸→校正花键孔→磨齿。

◎ 工作任务单

| 班级： | | 学号： | | 姓名： | | 组号： | |

请完成驱动系统传动轴零件的材料选择、加工工艺路线制订。
材料：40Cr、65Mn、20CrMnTi 60Si2Mn、GCr15。
请从以上给出的材料中，为下面的齿轮选择材料。
性能要求：心部综合性能较好，表面硬度较高。
材料选择：＿＿＿＿＿＿＿＿属于＿＿＿＿＿＿＿＿钢。
加工工艺路线：
下料→模锻→预备热处理（＿＿＿＿＿＿）→粗加工→最终热处理（＿＿＿＿＿＿）＋（＿＿＿＿＿＿）＋（＿＿＿＿＿＿）→精加工→精磨。

◎ 考核评分表

评分内容	分值	评价标准	得分
素质评分	20	1. 阅读资料，理论知识具备（5分） 2. 服从安排，配合活动（5分） 3. 不迟到、不旷课（5分） 4. 工具零件摆放整齐（5分）	
任务考核	60	1. 正确完成材料的选择（20分） 2. 协助互动，解决难点（20分） 3. 完成加工工艺路线的制订（20分）	
任务工单	20	1. 规定时间内独立完成（满分） 2. 没有按时完成工单（扣10分） 3. 字迹不工整，工单不整洁（扣5分）	

任务三：箱体的选材

变速箱箱体能整合整个变速器的基础零件，用于使其内部零件处于正确的相对位置，为其他零件提供一个平稳运行的环境，使内部零件能协调有序的运作。图6-4所示为汽车变速箱箱体。变速箱箱体作为减速器的基础零件，最主要的功能是使箱体内的齿轮、轴、轴承等相关零件保持相对位置，使其能够平稳运行而不互相干扰，并且使齿轮间能够正确地传递扭矩和改变齿轮与输出轴的转速，用来达到操作者要求的合适的运动。变速箱还是箱体内各种零件要求的润滑

图6-4　汽车变速箱箱体

和冷却环境的保持者。变速箱箱体质量好坏会直接作用到轴和齿轮间的配合，还会影响其相互间的位置关系的准确性，尤其会影响变速器的功能和使用寿命。

1. 分析及选材

变速箱箱体是中等批量规格生产，在此以 HT200 锻造而成。之所以选用 HT200 为材料，是因为灰铸铁的铸造性能比较好，价格也相对低廉，还有良好的可加工性，并且能完全满足箱体的耐磨性能要求、减震性能要求、刚度性能要求和强度要求。同时，由于箱体外部形状和内部构造相对较为复杂，为了降低生产成本，提高切削性能，因此选用铸造成型。

微课：弹簧、箱体
加工工艺路线

2. 确定加工工艺

热加工工艺路线为铸造→去应力退火→划线→切削加工。

◎ 工作任务单

班级：	学号：	姓名：

请完成驱动系统箱体的材料选择、加工工艺路线制订。
材料：40Cr、HT200、20CrMnTi、60Si2Mn、GCr15。
请从以上给出的材料中，为下面的箱体选择材料。
材料选择：＿＿＿＿＿＿，属于＿＿＿＿＿＿钢。
加工工艺路线：
热加工（＿＿＿＿＿＿）→预备热处理（＿＿＿＿＿＿）→划线→切削加工。

◎ 考核评分表

评分内容	分值	评价标准	得分
素质评分	20	1. 阅读资料，理论知识具备（5分） 2. 服从安排，配合活动（5分） 3. 不迟到、不旷课（5分） 4. 工具零件摆放整齐（5分）	
任务考核	60	1. 正确完成材料的选择（20分） 2. 协助互动，解决难点（20分） 3. 完成加工工艺路线的制订（20分）	
任务工单	20	1. 规定时间内独立完成（满分） 2. 没有按时完成工单（扣10分） 3. 字迹不工整，工单不整洁（扣5分）	

三、课后练习

（一）填空题

1. 零件失效的三种基本形式是＿＿＿＿、＿＿＿＿、＿＿＿＿。

2. 断裂失效包括_____、_____、_____失效。

3. 机械零件选材的三大基本原则是_____、_____和_____。

4. 尺寸越大、形状较复杂而不能锻造的齿轮可用_____制造，在无润滑条件下工作的低速无冲击齿轮可用_____制造，要求表面硬、心部强韧的重载齿轮必须用_____制造。

5. 机床轻载主轴（载荷小、冲击不大、磨损较轻）用_____制造并进行_____热处理；机床中载主轴（载荷中等、磨损较严重）用_____制造并进行_____热处理；机床重载主轴（载荷大、磨损和冲击严重）用_____制造并进行_____热处理。

6. 汽车发动机连杆（过量变形或断裂失效）用_____制造，燃气轮机叶片（蠕变）用_____制造。

7. 锯条用_____制造并进行_____热处理，变速箱外壳用_____制造。

（二）选择题

1. 大功率内燃机曲轴选用（　）制造，中吨位汽车曲轴选用（　）制造，C6132型机床主轴选用（　）制造，精密镗床主轴选用（　）制造。

A. 45　　　　B. 球墨铸铁　　　　C. 38CrMoAl　　　　D. 合金球墨铸铁

2. 高精度磨床主轴用38CrMoAl制造，试在其加工工艺路线上，填入热处理工序名称：锻造→（　）→精机加工→（　）→精机加工→（　）→粗磨加工→（　）→精磨加工。

A. 调质　　　　B. 氮化　　　　C. 消除应力　　　　D. 退火

3. 汽车板弹簧选用（　）钢制造。

A. 45　　　　B. 60Si2Mn　　　　C. 20Cr13　　　　D. Q345

4. 机床床身选用（　）制造。

A. Q235　　　　B. T10A　　　　C. HT150　　　　D. T8

5. 受冲击载荷的齿轮选用（　）制造。

A. KTH300-06　　B. GCr15　　　　C. Cr12MoV　　　　D. 20CrMnTi

6. 高速切削刀具钢选用（　）制造。

A. T8A　　　　B. GCr15　　　　C. W6Mo5Cr4V2　　　　D. 9CrSi

7. 发动机气阀选用（　）制造。

A. 40Cr　　　　B. 06Cr18Ni11Ti　　　　C. 42Cr9Si2　　　　D. Cr12MoV

（三）判断题

1. 武汉长江大桥是用Q345q钢制造，虽然Q345q钢比Q235钢贵，但采用Q345q钢制造符合选材的经济性原则。　　　　　　　　　　　　（　）

2. 火箭发动机壳体选用某超高强度钢制造时，总是发生脆断，所以应该选用强度更高的钢材。　　　　　　　　　　　　（　）

3. 采用45钢制造直径为30 mm和直径为80 mm两根轴，都经调质处理后使用，轴的表面组织都是回火索氏体，因此这两根轴的许用设计应力相同。　　　（　）

4. 直径为15 mm的弹簧，应使用45钢制造，热处理采用淬火+低温回火，硬度为35~60 HRC。　　　　　　　　　　（　）

（四）简答题

1. 什么是机械零构件的失效？失效的基本类型有哪些？

2. 金属失效的原因主要有哪些？

3. 在选择金属材料力学性能数据时，应注意哪些问题？

学习目标

1. 知识目标

了解碳纤维复合材料的特性、应用和制备方法；了解石墨烯纳米材料的特性、应用和制备方法。

2. 能力目标

能根据碳纤维复合材料和石墨烯纳米材料性能特点，合理选择材料的应用场合。

3. 素质目标

形成科学、严谨的思维习惯；具备勇于创新的开拓精神，不断刻苦钻研，开拓创新；树立在材料发展方面不断探索与创新的意识，践行"创新驱动发展战略"的总体要求。

新型材料是指那些新出现或已在发展中的、具有传统材料所不具备的优异性能和特殊功能的材料。新型材料与传统材料之间并无截然的分界，新型材料是在传统材料基础上发展而成的，传统材料经过对其成分、结构和工艺上的改进，进而提高材料性能或呈现新的性能，都可发展成为新型材料。新型材料种类繁多，应用广泛，发展迅速。限于篇幅，本项目仅介绍复合材料、纳米材料等。

我国新型材料产业持续保持稳定的增长态势。据中国新材料技术协会数据显示，2019年，我国新型材料产业总产值为4.5万亿元，同比增长15.4%。2020年，全国新型材料产值超6万亿元。2021年1月20日，召开的山西省第十三届人民代表大会第四次会议上，"转型"和"六新"成为政府报告中的高频词，新型材料就是"六新"的其中之一。

一、知识准备

知识点 1. 碳纤维复合材料

从以下几个问题来了解碳纤维复合材料。

1.1 什么是碳纤维复合材料

碳纤维，简称 CF，是一种含碳量在95%以上的高强度、高模量纤

微课：认识碳纤维

维的新型纤维材料。它是由片状石墨微晶等有机纤维沿纤维轴向堆砌而成，经碳化及石墨化处理而得到的微晶石墨材料。碳纤维"外柔内刚"，密度比金属铝小，但强度却高于钢铁，并且具有耐腐蚀、高模量的特性，在国防军工和民用方面都是重要材料。它不仅具有碳材料的固有本征特性，还兼备纺织纤维的柔软可加工性，是新一代增强纤维。

飞扬是北京 2022 年冬奥会、2022 年冬残奥会火炬（图 7 – 1 所示为 2022 年冬奥会运动员火炬传递现场），于 2021 年 2 月 4 日晚发布。飞扬由火炬外观设计师李剑叶设计，冬奥会火炬外观由银色和红色两种配色构成，冬残奥会火炬则由银色与金色构成。以祥云纹样为底纹，自下而上从祥云纹样逐渐过渡到剪纸风格的雪花图案，外壳由碳纤维及其复合材料制成，可抗风 10 级，并可在极寒天气中使用。

图 7 – 1　2022 年冬奥会运动员火炬传递现场

1.2　碳纤维复合材料有何特性

碳纤维具有许多优良性能，碳纤维的轴向强度和模量高，密度低，比性能高，无蠕变，非氧化环境下耐超高温，耐疲劳性好，比热及导电性介于非金属和金属之间，热膨胀系数小且具有各向异性，耐腐蚀性好，X 射线透过性好，导电导热性能良好，电磁屏蔽性好等。碳纤维与传统的玻璃纤维相比，杨氏模量是其 3 倍多；它与凯夫拉纤维相比，杨氏模量是其 2 倍左右，在有机溶剂、酸、碱中不溶不胀，耐蚀性突出。

碳纤维的单丝直径为 5 ~ 7 μm，一般成束使用，一束达 1 000 根单丝。碳纤维和玻璃纤维一样，可以织，有纱、布、毡等制品种类。与玻璃纤维相比，碳纤维的比强度和比模量有明显提高。此外，碳纤维导热、导电，耐化学腐蚀性好，但仍然较脆，并且抗氧化性差。碳纤维不仅作为玻璃纤维的代用品，用于聚合物基复合材料，而且适用于金属基复合材料。因此，碳纤维成为航空航天领域所用先进复合材料中不可缺少的增强材料。

1.3　碳纤维复合材料有哪些类型

碳纤维有多种分类方式，可根据原材料来源、性能、状态、产品规格、用途、功能等进行分类。按原料来源，碳纤维分为聚丙烯腈基（PAN）碳纤维、沥青基碳纤维、黏胶基碳纤维、酚醛基碳纤维、气相生长碳纤维；按性能，可分为通用型、高强型、中模高强型、高模型和超高模型碳纤维；按状态，可分为长丝、短纤维和短切纤维；按产品规格，碳纤维可划分为工业级（大丝束）和宇航级（小丝束），大丝束碳纤维以民用工业应用为主，小丝束碳纤维主要应用于国防军工和高技术，以及体育休闲用品。目前，用量最大的是 PAN 基碳纤维，产量约占全球碳纤维总产量的 90%。PAN 碳纤维是一类碳元素质量在 90% 以上的无机纤维状材料，呈黑色，常规产品为筒卷装。

1.4　聚丙烯腈碳纤维如何制备

碳纤维是一种以聚丙烯腈（PAN）、沥青、黏胶纤维等为原料，经预氧化、碳化、石墨化工艺而制得的含碳量大于 90% 的特种纤维。碳纤维具有高强度、高模量、低密度、耐高温、耐腐蚀、耐摩擦、导电、导热、膨胀系数小、减震等优异性能，是航空航天、国防军事工业不可缺少的工程材料，同时在体育用品、交通运输、医疗器械和土木建筑等民用领域也有着广泛应用。PAN 基碳纤维生产工艺简单、产品综合性能好，因而发展很快，产量占到 90% 以上，成为最主要的品种。

聚丙烯腈碳纤维是以聚丙烯腈纤维为原料制成的碳纤维，主要作复合材料用增强体。无论是均聚还是共聚的聚丙烯腈纤维，都能制备出碳纤维。为了制造出高性能碳纤维并提高生产率，工业上常采用共聚聚丙烯腈纤维为原料。对原料的要求是：杂质、缺陷少；细度均匀，并且越细越好；强度高，毛丝少；纤维中链状分子沿纤维轴取向度越高越好，通常大于 80%；热转化性能好。

生产中制取聚丙烯腈纤维的过程是：先由丙烯腈和其他少量第二、三单体（丙烯酸甲酯、甲叉丁二酯等）共聚生成共聚聚丙烯腈树脂，然后树脂经溶剂（硫氰酸钠、二甲基亚砜、硝酸和氯化锌等）溶解，形成黏度适宜的纺丝液，经湿法、干法或干 - 湿法进行纺丝，再经水洗、牵伸、干燥和热定型即制成聚丙烯腈纤维。图 7 - 2 所示为聚丙烯腈基碳纤维的制备过程示意图。若将聚丙烯腈纤维直接加热，则易熔化，不能保持其原来的纤维状态。因此，制备碳纤维时，首先要将聚丙烯腈纤维放在空气中或其他氧化性气氛中进行低温热处理，即预氧化处理。预氧化处理是纤维碳化的预备阶段。一般将纤维在空气下加热至约 270 ℃，保温 0.5～3 h，聚丙烯腈纤维的颜色由白色逐渐变成黄色、棕色，最后形成黑色的预氧化纤维。这是聚丙烯腈线性高分子受热氧化后，发生氧化、热解、交联、环化等一系列化学反应形成耐热梯形高分子的结果。再将预氧化纤维在氮气中进行高温处理（1 600 ℃），即碳化处理，则纤维进一步产生交联环化、芳构化及缩聚等反应，并脱除氢、氮、氧原子，最后形成二维碳环平面网状结构和层片粗糙平行的乱层石墨结构的碳纤维。

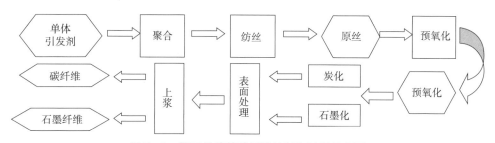

图 7 - 2　聚丙烯腈基碳纤维的制备过程示意图

从原料丙烯腈到聚丙烯腈基碳纤维的制备过程中可以看出四个关键步骤：PAN 的聚合，原丝的制备，原丝的预氧化以及预氧化丝的炭化和石墨化。

碳纤维在传统使用中，除用作绝热保温材料外，多作为增强材料加入树脂、金属、陶瓷、混凝土等材料中，构成复合材料。碳纤维已成为先进复合材料最重要的增强材料。由于碳纤维复合材料具有轻而强、轻而刚、耐高温、耐腐蚀、耐疲劳、结构尺寸稳定性好及设计性好、可大面积整体成型等特点，已在航空航天、国防军工和民用工业的各个领域得到广泛应用。碳纤维还可加工成织物、毡、席、带、纸及其他材料。高性能碳纤维是制造先进复合材料最重要的增强材料。

知识点 2. 石墨烯纳米材料

2.1　什么是石墨烯纳米材料

微课：认识石墨烯

2004 年，英国曼彻斯特大学的安德烈·K. 海姆教授和科斯佳·诺沃谢天研究员通过"微机械力分离法"，即通过微机械力从石墨晶体表面剥离石墨烯首次制备出了石墨烯片层，并因此获得了 2010 年的诺贝尔物理学奖。

石墨烯（Graphene）是一种由碳原子以 sp^2 杂化轨道组成六角形呈蜂巢晶格的二维碳纳米材料，是目前已知的最薄也最坚硬的纳米材料，具有超薄、超轻超柔韧、超高强度、超强导电性、优异的导热和透光性等特性，集透光性好、导热系数高、电子迁移率高、电阻率低、机械强度高等多种优异性能于一身；在电子学、光学、磁学、生物医学、催化、储能和传感器等诸多领域有着广阔而巨大的应用潜能，是主导未来高科技竞争的超级材料，被称为"黑金""新材料之王"。石墨烯与其他新型碳材料的外观比较如图 7 - 3 所示。

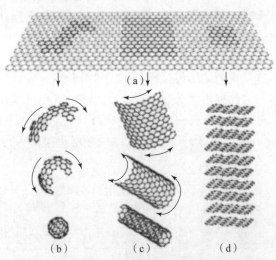

图 7 - 3　石墨烯与其他新型碳材料的外观比较
(a) 石墨烯；(b) 富勒烯；(c) 碳纳米管；(d) 石墨

石墨烯是一种新型的二维碳纳米材料，其基本结构是由碳原子以 sp^2 杂化合形成的苯六元环。石墨烯的发现使碳材料家族（图 7 - 4）更加充实完整，形成了包括零维富勒烯、一维碳纳米管、二维石墨烯、三维石墨和金刚石的完整体系。石墨烯是组成其他碳材料的基本结构单元，它可以堆积叠加形成三维的石墨，可以卷曲形成一维的碳纳米管，也可以翘曲形成零维的富勒烯。

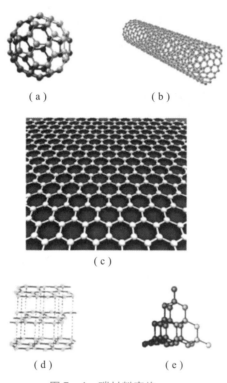

（a）　　　　　　　　（b）

（c）

（d）　　　　　　　　（e）

图7-4　碳材料家族

（a）零维富勒烯；（b）一维碳纳米管；（c）二维石墨烯；（d）三维石墨；（e）金刚石

2.2　石墨烯纳米材料有何特点

单层石墨烯只有一个原子的厚度，其独特的单原子层结构赋予了它优异的物理化学性能：①石墨烯的强度是已知材料中最高的，达到了130 GPa，是钢的10多倍；②石墨烯具有很高的杨氏模量和热导率，达到1 060 GPa和3 000 W/（m·K）；③石墨烯的平面结构使其拥有相当高的表面积，达到2 600 m^2/g；④石墨烯特有的平面结构也使其拥有了奇特的电子结构和电学性质，其载流子迁移率达200 000 $cm^2/$（V·s），超过商用硅片迁移率的10倍以上，因此石墨烯具有非常高的电导率，达到6 000 S/cm；⑤石墨烯还具有室温下的量子霍尔效应、双极性电场效应、反常量子霍尔效应，使其在电子器件制造等领域具有重要的应用，对高性能电子器件的发展起到了重要的推进作用。

石墨烯作为一种新型的二维纳米材料，因其优异的性能在电子信息、新材料、新能源、生物医药、环境保护等诸多领域具有巨大的应用潜能和革命性变革，世界各国和跨国企业纷纷投入巨资加强石墨烯的研发、生产和应用，以期抢占产业制高点。

2022年，在北京举办的冬奥会上，礼仪服就是采用了高科技石墨烯材料，可帮助工作人员抵御寒冷。据了解，北京冬奥会运动场馆的温度最低可达－30 ℃。为了让颁奖礼仪服装美观又保暖，衣服里特意添加了一片片黑色的材料，这是中国航发为本届冬奥会研发的石墨烯发热材料，可以快速升温。图7-5所示为2022年北京冬奥会礼服。

图7-5　2022年北京冬奥会礼服展示现场

2.3　石墨烯纳米材料如何制备

根据碳源物相及合成环境，石墨烯的制备方法可分为固相法、液相法和气相法。固相法包括机械剥离法和SiC外延法。氧化还原法是一种常见的液相法制备石墨烯材料的方法，除了氧化还原方法之外，在有机溶剂中剥离石墨也可以获得石墨烯。化学气相沉积（CVD）是典型的气相法。常见的石墨烯粉体生产的方法为机械剥离法、SiC外延生长法，石墨烯薄膜生产方法为化学气相沉积法（CVD）。

1. 机械剥离法

机械剥离法又称为胶带剥离法，通过对天然石墨进行微机械剥离，可以得到结构较为规整的石墨烯。图7-6所示为机械剥离法制备石墨烯示意图。剥离过程如下：首先将具有高结晶度的高定向热解石墨用双面胶黏结在玻璃板上，并使用另一片黏性胶带对其进行反复撕揭，然后不停地重复这个过程，直至得到透明的片层。最后，将样品放入有机溶剂中，胶带被溶解后，便可得到石墨烯样品。

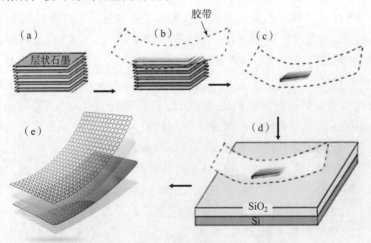

图7-6　机械剥离法制备石墨烯示意图

2. SiC 外延生长法

SiC 外延生长法是利用高温以及高真空条件将硅原子挥发去除，得到碳原子结构，通过重排，在单晶上形成与 SiC 晶型相同的石墨烯单晶，如图 7-7 所示。

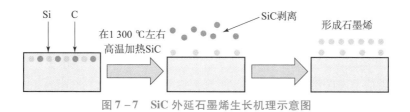

图 7-7　SiC 外延石墨烯生长机理示意图

3. 化学气相沉积法（CVD）制备的工艺流程

代表性的 CVD 法制备石墨烯的基本过程是：先把基底金属箔片放入炉中，通入氢气和氩气或者氮气保护加热至 1 000 ℃左右，稳定温度，保持 20 min 左右；然后停止通入保护气体，改为通入碳源（如甲烷）气体，大约 30 min，反应完成；切断电源，关闭甲烷气体，再通入保护气体排净甲烷气体，在保护气体的环境中冷却到室温，取出金属箔片，得到金属箔片上的石墨烯。

石墨烯的研究与应用开发持续升温，石墨和石墨烯有关的材料广泛应用在电池电极材料、半导体器件、透明显示屏、传感器、电容器、晶体管等方面。鉴于石墨烯材料优异的性能及其潜在的应用价值，在化学、材料、物理、生物、环境、能源等众多学科领域已取得了一系列重要进展。

知识点 3. 碳纳米管材料

3.1　碳纳米管的定义

碳纳米管是由一层或多层石墨烯卷成的空心管，分别称为单壁碳纳米管和多壁碳纳米管，其内部结构原子排列如图 7-8 所示。碳纳米管非常细，最细的单壁碳纳米管的直径只有 0.4 nm，仅为头发丝直径的 0.1‰。碳原子全部以六元环结构排列，其碳—碳键是最

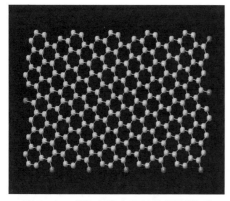

图 7-8　碳纳米管内部结构原子排列

微课：认识碳纳米管材料

强的共价键，远强于氯化钠的离子键、钢铁的金属键。碳纳米管的强度是钢的 100 倍以上，密度金是钢的 1/6。由于其直径细，还具有独特的柔韧性。科学家认为，将超强超轻的碳纳米管整齐排列做成轨道，是目前制造太空天梯的最佳选择。

3.2 碳纳米管的制备方法

碳纳米管的制备方法分为电弧放电法、激光烧蚀法、化学气相沉积法、催化裂解法。

1. 电弧放电法

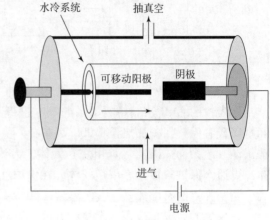

电弧放电法是生产碳纳米管的主要方法。图 7 - 9 所示为电弧放电法的原理示意图。1991 年，日本物理学家饭岛澄男就是从电弧放电法生产的碳纤维中首次发现碳纳米管的。基本原理是：电弧室充惰性气体保护，两个石墨棒电极靠近，拉起电弧，再拉开，以保持电弧稳定。放电过程中，阳极温度相对阴极较高，因此阳极石墨棒不断被消耗，同时，在石墨阴极上沉积出含有碳纳米管的产物。

图 7 - 9   电弧放电法的原理示意图

2. 激光烧蚀法

图 7 - 10 所示为激光烧蚀法的原理示意图。制备过程是：在一长条石英管中间放置一根金属催化剂/石墨混合的石墨靶，该管则置于加热炉内，当炉温升至一定温度时，将惰

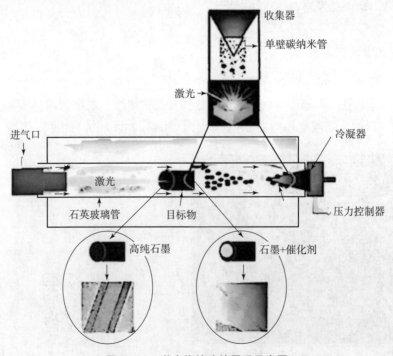

图 7 - 10   激光烧蚀法的原理示意图

性气体冲入管内，并将一束激光聚焦于石墨靶上。在激光照射下生成气态碳，这些气态碳和催化剂粒子被气流从高温区带向低温区时，在催化剂的作用下生长成碳纳米管。

3. 化学气相沉积法

化学气相沉积法即碳氢化合物催化分解法，又称为碳氢气体热解法。图 7 – 11 所示为化学气相沉积法的原理示意图，其制备过程是：让气态烃通过附着有催化剂微粒的模板，在 800 ~ 1 200 ℃ 的条件下，气态烃可以分解生成碳纳米管。

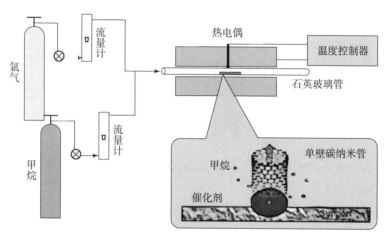

图 7 – 11　化学气相沉积法的原理示意图

4. 催化裂解法

催化裂解法是在 600 ~ 1 000 ℃ 的温度及催化剂的作用下，使含碳气体原料（如一氧化碳、甲烷、乙烯、丙烯和苯）分解来制备碳纳米管的一种方法。此方法在较高温度下使含碳化合物裂解为碳原子，碳原子在过渡金属催化剂作用下，附着在催化剂微粒表面上形成碳纳米管。

二、课后练习

（一）选择题

1. 碳原子最外层有四个电子，金刚石的结构就是一个碳原子在中心，分别与四个碳原子用共价键来连接，形成了一个非常稳定的由五个碳原子组成的（　　）。

 A. 正三面体结构　　　　　　　　B. 正四面体结构

 C. 六边形结构　　　　　　　　　D. 正方形结构

2. 碳纤维与传统的玻璃纤维相比，杨氏模量是其（　　）倍多。

 A. 2　　　　　　　B. 3　　　　　　　C. 4　　　　　　　D. 5

3. 由同一种元素组成，但是排列方式不同，具有不同性质的单质叫作（　　）。

 A. 同素异形体　　　　　　　　　B. 晶体

 C. 单质　　　　　　　　　　　　D. 化合物

4. 碳纤维，是一种含碳量在（　　　）以上的高强度、高模量纤维的新型纤维材料。

A. 95%　　　　　　B. 85%　　　　　　C. 75%　　　　　　D. 65%

（二）判断题

1. 金刚石是已知物质中硬度最高的材料，因此在工业上一般用于切削、磨削、钻探。
（　　　）

2. 石墨的结构与金刚石有比较大的不同。石墨是片层状的结构，每一层都由很多个正六边形组成，单层中两个碳原子通过化学键构成，非常坚固，但是石墨是由很多层堆叠起来的，层与层之间通过分子之间的范德华力联合起来，所以两层之间没有那么坚固，可以相对滑动。
（　　　）

3. 溶剂剥离法是将石墨分散于溶剂中，形成低浓度的分散液，利用超声或高速剪切等作用减弱石墨层间的范德华力，将溶剂插入石墨层间，进行层层剥离，制备出石墨烯。
（　　　）

4. 石墨烯是主导未来高科技竞争的超级材料，被称为"黑金""新材料之王"。
（　　　）

5. 石墨烯是一种由碳原子组成六角形呈蜂巢晶格的二维碳纳米材料，是目前已知的最薄也最坚硬的纳米材料。
（　　　）

（三）简答题

碳纳米管制备方法有哪些？

参 考 文 献

［1］ 罗继相，王志海. 金属工艺学 ［M］.武汉：武汉理工大学出版社，2016.

［2］ 杨莉，郭国林. 工程材料及成形技术 ［M］.西安：西安电子科技大学出版社，2016.

［3］ 崔忠圻，刘北兴. 金属学与热处理（第三版）[M］.哈尔滨：哈尔滨工业大学出版社，
    2018.

［4］ 樊新民. 表面处理工实用技术手册 ［M］.南京：江苏科学技术出版社，2003.

［5］ 房世荣，严云彪，田洪超. 工程材料与金属工艺学 ［M］.北京：机械工业出版社，
    2014.

［6］ 罗继相，王志海. 金属工艺学（第三版）[M］.武汉：武汉理工大学出版社，2016.

［7］ 冯旻. 机械工程材料及热加工 ［M］.哈尔滨：哈尔滨工业大学出版社，2017.

［8］ 李云凯，薛云飞. 金属材料学 ［M］.北京：北京理工大学出版社，2019.

［9］ 吴广河，等. 金属材料与热处理（第三版）[M］.北京：北京理工大学出版社，2012.

［10］ 王俊彪，马继，等. 材料成形技术与工程应用 ［M］.北京：清华大学出版社，2023.

［11］ 庞国星. 工程材料与成形技术基础（第三版）［M］.北京：机械工业出版社，2018.

［12］ 方昆凡. 机械工程材料实用手册 ［M］.北京：机械工业出版社，2021.

［13］ 姜敏凤，宋佳娜. 机械工程材料与成形工艺（第三版）［M］. 北京：高等教育出版
    社，2019.

［14］ 凌爱林. 金属工艺学（工程技术类）［M］. 北京：机械工业出版社，2001.